FORSCHUNGSBERICHTE
DES WIRTSCHAFTS- UND VERKEHRSMINISTERIUMS
NORDRHEIN-WESTFALEN

Herausgegeben von Staatssekretär Prof. Leo Brandt

Nr. 262

Dr.-Ing. W. Batel

Institut Aachen der Forschungsgesellschaft Verfahrenstechnik e. V., Köln (GVT)

Untersuchungen zur Absiebung feuchter, feinkörniger Haufwerke auf Schwingsieben

Als Manuskript gedruckt

WESTDEUTSCHER VERLAG / KÖLN UND OPLADEN
1956

ISBN 978-3-663-03852-8   ISBN 978-3-663-05041-4 (eBook)
DOI 10.1007/978-3-663-05041-4

Forschungsberichte des Wirtschafts- und Verkehrsministeriums Nordrhein-Westfalen

Gliederung

I. Vorwort . . . . S. 8

II. Einleitung . . . . S. 9

III. Ursachen der Siebleistungsabnahme infolge Feuchtigkeit . . S. 10
    1. Wasserbindungen im Haufwerk . . . . S. 10
        a) Innenwasser . . . . S. 10
        b) Adsorptionswasser . . . . S. 11
        c) Adhäsionswasser . . . . S. 11
        d) Grobkapillares Wasser . . . . S. 11
        e) Das Zwischenraumwasser . . . . S. 11
    2. Kraftwirkungen im Haufwerk durch zwickelkapillare Flüssigkeit . . . . S. 12
    3. Elektrische Kraftwirkungen im feuchten Kornverband . . . S. 22
    4. Reibungskräfte bei der Absiebung feuchten Gutes . . . . . S. 25
    5. Molekulare Kraftwirkungen . . . . S. 26

IV. Die Feuchtsiebung . . . . S. 26
    1. Die Versuchsanlagen . . . . S. 27
    2. Versuchsdurchführung und -auswertung . . . . S. 30
    3. Vorgänge in den Siebmaschen . . . . S. 32
        a) Quantitative Beschreibung von Siebverstopfungen . . . S. 32
        b) Art und Ursache der Siebverstopfungen . . . . S. 36
        c) Erwärmen des Siebbodens durch direkte elektrische Widerstandsheizung . . . . S. 39
        d) Erwärmen des Siebbodens durch induktives Beheizen . . S. 51
        e) Beseitigung von Verstopfungen durch Vergrößerung der Amplitude . . . . S. 55
        f) Abwurf von Verstopfungen durch Oberschwingungen . . . S. 56
        g) Einfluß elektrischer Kraftfelder bei Siebverstopfungen S. 59
        h) Änderung des Randwinkels Wasser – Sieb . . . . S. 61
        i) Die Naßsiebung . . . . S. 62
        j) Einfluß der Siebbodenart auf Verstopfungen . . . . . . S. 62
        k) Entfernen von Siebverstopfungen durch mechanische Vorrichtungen . . . . S. 64

    4. Vorgänge auf dem Sieb . . . . S. 65

        a) Vergrößerung der Siebkräfte . . . . S. 71

        b) Verkleinerung der Haftkräfte . . . . S. 73

        c) Abtrocknung der Kapillarflüssigkeit . . . . S. 75

V. Zusammenfassung . . . . S. 76

VI. Literaturverzeichnis . . . . S. 78

VII. Anhang mit Diagrammen . . . . S. 80

Forschungsberichte des Wirtschafts- und Verkehrsministeriums Nordrhein-Westfalen

Erklärung der gewählten, wiederholt vorkommenden Bezeichnungen

Nur einmal vorkommende Größen sind im Text erklärt

F	=	Siebfläche (m^2); (cm^2)
F_f	=	Berührungsfläche Sieb-kapillare Flüssigkeit (m^2)
F_{fg}	=	Berührungsfläche kapillare Flüssigkeit-Siebgut (m^2)
F_{fL}	=	Berührungsfläche kapillare Flüssigkeit-Luft (m^2)
F_L	=	Berührungsfläche Sieb-Luft (m^2)
F_M	=	Mantelfläche der Flüssigkeitsoberfläche zur Luft (cm^2)
H	=	Potentialdifferenz (Volt/cm)
J	=	Stromstärke (Ampere)
K	=	Kraft (dyn)
K_e	=	Elastische Kraft (dyn)
K_m	=	Parameter (häufigste bzw. mittlere Kraft) (dyn)
K_p	=	Kraft infolge Kapillardruck (dyn)
K_z	=	Kraft infolge Oberflächenspannung (dyn)
L	=	Siebleistung ($t/m^2 h$)
L_t	=	Siebleistung bei trockenem Gut ($t/m^2 h$)
L_u	=	Siebleistung bei nicht verstopftem Sieb ($t/m^2 h$)
L_{Zs}	=	Siebleistung nach einer Zeitdauer Zs ($t/m^2 h$)
M	=	Maschenweite (mm)
P	=	Siebkraft (dyn)
Q	=	Wärmemenge (kcal/h)
Q_{sp}	=	Spezifische Energie ($kWh/m^2 h$) (kWh/tonne)
R	=	Reibungskraft (dyn)
R_1	=	Hauptkrümmungsradius der Oberfläche (cm)
R_2	=	Hauptkrümmungsradius der Oberfläche (cm) gemessen senkrecht zu R_1
U	=	Spannung (Volt)
V	=	Volumen (cm^3)
W	=	Abgetrocknete Wassermenge (kp/h)
W_{sp}	=	Spezifische Trocknungsleistung ($kp/m^2 h$)
Z	=	Zeit (sec)
Z_B	=	Anzahl der Berührungspunkte bei kubischer Kugelpackung
Z_s	=	Siebdauer (sec)
Z_v	=	Mittlere Verstopfungsdauer (sec)
a	=	Abstand von zwei Platten (cm)

a' = Anzahl der Kugeln in einem kp eines Kugelhaufwerkes

a_Q = Anzahl der Wurfbahnen auf denen die Körner mit Sicherheit durch die Quadratmaschen gelangen

a_L = Anzahl der Wurfbahnen auf denen die Körner mit Sicherheit durch die Langmaschen gelangen

b = Beschleunigung (m/sec^2)

c' = Federkonstante (kp/cm)

c = Verhältnis l/M

d = Korngröße (mm)

d_u = Durchmesser der benetzten Kreisfläche (cm)

f = Freie Siebfläche (%)

f_b = Benetzte Fläche (cm^2)

f_v = Verstopfter Anteil der freien Siebfläche; Verstopfungsgrad (%)

g = Erdbeschleunigung (m/sec^2)

h = Parameter der Gauß'schen Fehlerfunktion

k = Anzahl der Kugeln in Richtung einer Würfelkante

l = Länge einer Langmasche (mm)

m = Anzahl der Maschen der Siebfläche

m_2 = Masse eines Kornes (gramm)

n_1 = Anzahl der verstopften Maschen

p = Kapillardruck (dyn/cm^2)

q = Wärmestrom (kcal/h)

q_L = Wärmestrom Sieb-Luft (kcal/h)

q_f = Wärmestrom Sieb-kapillare Flüssigkeit (kcal/h)

q_T = Wärmestrom zur Trocknung (kcal/h)

q_g = Wärmestrom kapillare Flüssigkeit-Siebgut (kcal/h)

q_{fL} = Wärmestrom kapillare Flüssigkeit-Luft (kcal/h)

r = Verdampfungswärme von Wasser (kcal/kp)

s = Abstand der Körner (mm)

t = Temperatur der Sieboberfläche (°C)

t_R = Raumtemperatur (°C)

t_{fg} = Temperatur an der Berührungsstelle kapillare Flüssigkeit-Siebgut (°C)

t_L = Lufttemperatur (°C)

t_f = Temperatur der kapillaren Flüssigkeit (°C)

t_{fL} = Temperatur der kapillaren Flüssigkeit an der Oberfläche (°C)

t_g = Temperatur des Siebgutes (°C)

v = Geschwindigkeit (cm/sec)

v_b = Anzahl der beseitigten Maschenverstopfungen pro sec

v_g = Anzahl der gebildeten Maschenverstopfungen pro sec

w = Wassergehalt auf das Trockengewicht bezogen (%)

w_a = Anfangswassergehalt auf das Trockengewicht bezogen (%)

w_e = Endwassergehalt auf das Trockengewicht bezogen (%)

w_f = Wassergehalt auf das Gesamtgewicht bezogen (%)

w' = Absolute Wahrscheinlichkeit

w'_Q = Absolute Wahrscheinlichkeit beim Quadratmaschensieb

w'_L = Absolute Wahrscheinlichkeit beim Langmaschensieb

x_o = Amplitude des Siebbodens (cm)

x_2 = Amplitude des verstopfenden Kornes (cm)

x = Feuchtigkeitsgehalt der Luft (kp/kp)

x_K = Feuchtigkeitsgehalt der Luft an der Grenzfläche zur Flüssigkeit (kp/kp)

z = Beschleunigung als Vielfaches der Erdbeschleunigung

α = Winkel

α_m = Mittlere Wärmeübergangszahl der Sieboberfläche auf F bezogen (kcal/m²h°C)

α_F = Wärmeübergangszahl Sieb-kapillare Flüssigkeit (kcal/m²h°C)

α_{Fl} = Wärmeübergangszahl kapillare Flüssigkeit-Luft "

α_{Fg} = Wärmeübergangszahl kapillare Flüssigkeit-Siebgut "

α_L = Wärmeübergangszahl Sieb-Luft (kcal/m²h°C)

β = Winkel

γ = Spezifisches Gewicht (pond/cm³)

η = Dynamische Zähigkeit (cP)

ϑ = Randwinkel

ν = Frequenz (1/sec)

σ = Stoffübergangszahl (kp/m²h)

σ_1 = Oberflächenspannung (dyn/cm)

σ_{sf} = Haftspannung (dyn/cm)

σ_{sz} = Spannung senkrecht zur Haftspannung (dyn/cm)

τ = Zeit (sec)

τ_d = Zeitdauer einer Siebschwingung (sec)

ω = Kreisfrequenz (1/sec)

ω_E = Eigenschwingungszahl einer Verstopfung (1/sec)

Forschungsberichte des Wirtschafts- und Verkehrsministeriums Nordrhein-Westfalen

I. Vorwort

Die abnehmende Güte der aus den Lagerstätten geförderten Mineralien und das Bestreben, eine möglichst verlustlose und weitgehende Trennung von den für die anschließenden Verfahren unerwünschten Begleitstoffen (taubes Gestein, Berge usw.) zu erreichen, verlangen in zunehmendem Maße eine intensive und damit meist naßmechanische - oder Schwimmaufbereitung, die in vielen Fällen auch noch gekoppelt werden. Hierbei spielen Siebvorrichtungen zur Klassierung eine bedeutende Rolle, jedoch bereitet die Fein- und Feinstsiebung infolge der vorhandenen Feuchtigkeit des Aufgabegutes große Schwierigkeiten, so daß besonders vom Maschinenbau her große Anstrengungen gemacht werden, diese zu überwinden. Wohl die meisten Versuche sind ohne Erfolg geblieben und bei denjenigen Verfahren, die eine gewisse Abhilfe schaffen, sind die eigentlichen Ursachen der Wirkungsweise nicht immer bekannt. Es ist daher notwendig, daß die wissenschaftliche Untersuchung des Verfahrens der Feuchtsiebung weitere Erkenntnisse bringt, um die bekannten Methoden bestmöglichst einzusetzen und der Entwicklung neue Ansatzpunkte zu geben. Aus diesem Grund hat Herr Prof. Dr.-Ing. S. KIESSKALT den Vorschlag gemacht, "Untersuchungen zur Absiebung feuchter, feinkörniger Haufwerke auf Schwingsieben"[*] durchzuführen. Ich möchte ihm besonders dafür danken, daß mir diese Arbeit anvertraut worden ist und daß ich jederzeit seinen Rat und seine Hilfe in Anspruch nehmen durfte.

Die Forschungsgesellschaft für Verfahrenstechnik hat die Durchführung der Arbeit im Forschungsinstitut Verfahrenstechnik an der Rheinisch-Westfälischen Technischen Hochschule Aachen durch Bereitstellung der notwendigen Mittel, Meßgeräte und Räumlichkeiten ermöglicht, wofür ich meinen verbindlichsten Dank aussprechen möchte. Die geldlichen Mittel für den Forschungsfilm zu dieser Arbeit haben das Ministerium für Wirtschaft und Verkehr des Landes Nordrhein-Westfalen und der Steinkohlenbergbauverein Essen zur Verfügung gestellt. Hierfür sei ebenfalls bestens gedankt.

---

[*] Von der Fakultät für Maschinenwesen und Elektrotechnik der Rhein. Westf. Technischen Hochschule Aachen genehmigte Dissertation 1954

II. Einleitung

Unter Klassieren versteht man die Trennung eines Haufwerkes in Anteile verschiedener Korngrößen. Die einfachste und betrieblich wirtschaftlichste Klassiervorrichtung ist die Siebmaschine[1], wobei die untere Korngröße, auf Sieben im Betrieb, etwa im Bereich zwischen 0,1 und 0,5 mm liegt. Diese Werte gelten nur für das Sieben trockener Kornverbände. Sobald Feuchtigkeit vorhanden ist, wird das Verfahren des Siebens erschwert. So ist z.B. das Absieben einer Kohlensorte nach nebenstehender Darstellung bei 5 % Feuchtigkeit auf einem 3 mm Sieb bereits nicht mehr möglich. Die Ursache für dieses Verhalten ist auf folgende Einflüsse zurückzuführen[3]:

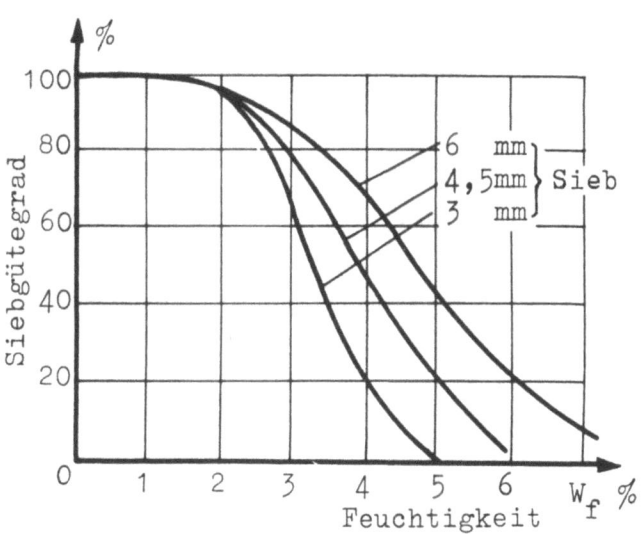

Abbildung 1
Siebgütegrad beim Absieben einer Kohlensorte nach Messungen von FRASER u. Mac LACHLAN[2]

1. Die Umwälzbewegung des zu siebenden feuchten Haufwerkes auf dem Sieb verläuft langsamer.
2. Es besteht die Möglichkeit, das Feinkorn am Überkorn haften bleibt, und sich so dem Siebvorgang entzieht (Haftkorn).
3. Eine Anzahl kleinerer Körner ballt sich zusammen und bildet ein "Pseudo-Korn", das größer ist als die Maschenweite des Siebes (Ballkorn).
4. Feinkorn bleibt in den Siebmaschen hängen und verringert so die freie Siebfläche.

Die vorliegende Arbeit hat sich die Aufgabe gestellt, die Ursachen dieser Vorgänge im einzelnen zu klären, um hieraus die grundsätzlichen Möglichkeiten und Grenzen zum Beheben der Siebschwierigkeiten bei feuchten, feinkörnigen Haufwerken herleiten zu können. In Verbindung damit soll die Wirkungsweise einiger zu diesem Zweck entwickelter Verfahren untersucht werden.

Forschungsberichte des Wirtschafts- und Verkehrsministeriums Nordrhein-Westfalen

III. Ursachen der Siebleistungsabnahme infolge Feuchtigkeit

Der Umwälzvorgang auf dem Sieb, Ball- und Haftkorn sowie Siebverstopfungen werden durch Kraftwirkungen im Siebgut bzw. zwischen Siebgut und Sieb bedingt, die folgender Art sein können:

a) Anziehungskräfte durch Kapillarwirkungen des Wassers,
b) Reibungskräfte,
c) Elektrische Kraftfelder,
d) Molekulare Kraftfelder der Oberflächenmolekeln der Körner.

Diese werden mit Ausnahme der molekularen Kräfte durch die im Haufwerk vorhandene Feuchtigkeit bestimmt, die als Innen-, Adsorptions-, Adhäsions-, Zwischenraum- und Grobkapillarflüssigkeit vorliegen kann. Die nachfolgenden Betrachtungen werden auf das Beispiel Wasser beschränkt.

Zur Angabe der Gesamtfeuchtigkeit sei noch erwähnt, daß diese auf das Trockenstoffgewicht als w (%) und auf die feuchte Substanz als w_f (%) bezogen werden kann. In vorliegender Arbeit wird die erste Angabe gewählt. Ausnahmen werden nur dann gemacht, wenn besonders geläufige und charakteristische Feuchtigkeitswerte der technischen Praxis in der dort gewohnten Angabe w_f wiedergegeben werden.

1. Wasserbindungen im Haufwerk

a) Innenwasser

Die als Innenwasser gebundene Feuchtigkeit hat auf den Absiebvorgang keinen Einfluß, da sie keine Oberflächeneigenschaften der Körner bestimmt.

Trotzdem ist ein kurzer Hinweis darauf notwendig, weil diese Wassermenge bei der Angabe der Gesamtfeuchtigkeit w mit erfaßt wird, zur Beurteilung der Siebschwierigkeiten aber nicht mit herangezogen werden darf.

So läßt sich z.B. eine Braunkohlensorte mit $w_f \sim$ 50 % Wassergehalt meist besser sieben als Steinkohle mit $w_f \sim$ 6 %. Dies liegt an dem großen Innenwassergehalt der Braunkohle. Entsprechend der Entwicklung aus den pflanzlichen Bestandteilen enthält die Braunkohle eine bestimmte Menge an kolloiden Hydrogelen von wasserfreundlicher Beschaffenheit, während bei der Steinkohle bereits die hydrophobe Gelform vorliegt.

Einige Zahlenwerte zeigen die Größenordnung des Innenwassers

Quarz $\quad w_f \sim 0\,\%$
Steinkohle $\quad w_f \sim 1 - 4\,\%$
Braunkohle $\quad w_f \sim 45 - 55\,\%$

b) Adsorptionswasser

Die Homogenität einer Phase endet stets vor ihrer Grenzfläche. Jedes Molekel eines Stoffes hat ein entsprechendes Kraftfeld. Im Innern eines kondensierten Systems sind diese Kraftfelder gegenseitig abgesättigt. Dies trifft nicht mehr für die Grenzfläche zu, so daß hier Kraftwirkungen entstehen, die zu den bekannten Oberflächeneffekten Anlaß geben. Die Reichweite dieser Molekelfelder liegt im Bereich der Größenordnung einiger Molekeln, so daß die Dicke des auf diese Art und Weise auf der Oberfläche der Körner gebundenen Wassers zwischen 0,1 und 1 mμ liegt.

Die Menge ist an sich gering, wie sich aus einem Beispiel ergibt: Feinquarz mit den Körnungsparametern $n = 1,5$, $d' = 50\,\mu$ und einem Formfaktor $f = 1,4$ hat eine spezifische Oberfläche von

$$O = 1550\ cm^2/kp$$

Bei einer Dicke des absorbierten Wasserfilms von 1 mμ ergibt sich dann eine Wassermenge von nur 0,0155 %.

Durch das adsorbierte Wasser werden aber elektrische und andere Grenzflächenerscheinungen verursacht, die vielfach von Bedeutung sind.

c) Adhäsionswasser

Steht genügend Wasser zur Verfügung, dann werden die Körner von einem Wasserfilm umschlossen, der stärker ist als der soeben beschriebene. Zwischen diesem Adhäsionswasser und dem Adsorptionswasser besteht nur ein gradueller Unterschied in der Intensität der Bindung.

d) Grobkapillares Wasser

Diejenigen Kapillare in den Körnern, die frei in die Kornoberfläche ausmünden, werden allgemein als Grobkapillare bezeichnet, das darin enthaltene Wasser entsprechend als Grobkapillarwasser (Abb. 2). Diese Flüssigkeit bestimmt die Oberflächeneigenschaften der Körner in nur untergeordnetem Maße und hat damit auf den Siebvorgang keinen merkbaren Einfluß.

e) Das Zwischenraumwasser

In jeder Kornschüttung ist zwischen den Körnern ein Zwischenraumvolumen vorhanden, daß in einem gleichkörnigen, losen Kornverband aus Kugeln unabhängig von der Korngröße bei dichtester (polyeder) Packung 25,96 %, bei kubischer Anordnung 47,99 % beträgt[4]. Das Volumen in technischen Haufwerken läßt sich nur versuchstechnisch bestimmen, da sich die Einflüsse von Kornform, Kornverteilung, Oberflächenbeschaffenheit und Kornpackung nur auf diese Art und Weise erfassen lassen.

Dieses Zwischenraumvolumen bildet besonders bei feinkörnigen Stoffen kapillare Räume in geometrisch unterschiedlichster Form und Verbindung aus. Um die Kapillarkräfte des hierin vorliegenden Zwischenraumwassers umfassend beschreiben zu können, ist es notwendig, diese Flüssigkeit in zwei weitere Arten aufzuteilen. Dasjenige Wasser, das die Berührungsstellen der Körner ringwulstartig umgibt, soll als Zwickelkapillarwasser bezeichnet werden, im Gegensatz zum Zwischenraumkapillarwasser, das in den vom Zwischenraumvolumen gebildeten zusammenhängenden Kanälen, den Zwischenraumkapillaren, vorliegt. Die vorgenannten Wassermengen, die stetig in einander übergehen, sind in Abbildung 2 dargestellt.

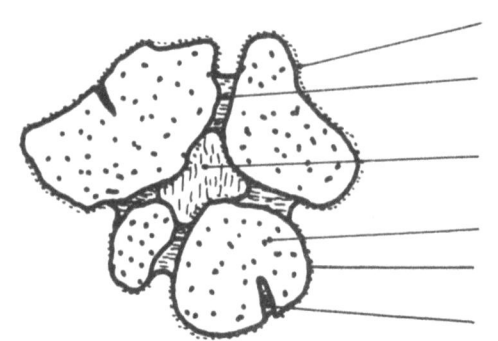

Adsorptionswasser
Zwickelkapillar-
wasser   } Zwischenraum
Zwischenraum-   wasser
kapillarwasser   }
Innenwasser
Adhäsionswasser
Grobkapillarwasser

A b b i l d u n g   2
Arten von Wasserbindungen in einem Kornverband

2. Kraftwirkungen im Haufwerk durch zwickelkapillare Flüssigkeit

Zum Beschreiben der Zwickelkapillarkräfte ist es vorteilhaft, die Grundbegriffe der Oberflächenspannung und Kapillarität kurz herauszustellen.

Die inhomogene Verteilung der Molekelkraftfelder an der Oberfläche eines Stoffes bewirkt eine resultierende Kraftkomponente, die bestrebt ist, die Oberflächenmolekeln in den Stoff hineinzuziehen. Bei einer Flüssigkeit verbleiben daher nur soviel Teilchen an der Oberfläche, als zu deren Ausbildung unbedingt notwendig sind. Die Oberfläche erweckt daher den Eindruck einer gespannten Haut.

Grenzt eine Flüssigkeit an einen festen Stoff, dann wirken auf die Flüssigkeitsmolekeln in der Grenzfläche sowohl die Kohäsionskräfte der Flüssigkeit als auch die Adhäsionskräfte des Feststoffes. Je nach diesem Kräfteverhältnis bildet die Flüssigkeitsoberfläche mit der Wand einen Randwinkel ϑ nach Abbildung 3.

Randwinkel	Kraftwirkung	Krümmung von der Luftseite aus gesehen
$\vartheta = 0$	nur Adhäsionskräfte	stark konkav
$90 > \vartheta > 0$	vorwiegend Adhäsionskräfte	konkav
$\vartheta = 90$	Adhäsionsk. = Kohäsionskräfte	keine
$180 > \vartheta > 90$	vorwiegend Kohäsionskräfte	konvex
$\vartheta = 180$	nur Kohäsionskräfte	stark konvex

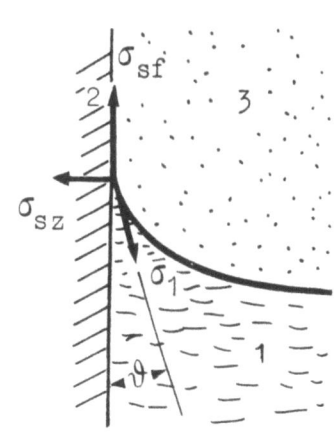

Abbildung 3

Randwinkel und Oberflächenkrümmung der Flüssigkeit an der Berührungsstelle Feststoff - Flüssigkeit - Gas.

1 = Flüssigkeit   2 = Fester Körper   3 = Gas

Quantitativ[5]) gilt unter Vernachlässigung der Kraftwirkungen des Gases:

$$\sigma_{sf} = \sigma_2 - \sigma_{1,2} = \sigma_1 \cos\vartheta \qquad (1)$$

$$\sigma_{sz} = \sigma_1 \sin\vartheta \qquad (2)$$

σ_{sf} = Haftspannung (dyn/cm)

σ_{sz} = Spannungskomponente senkrecht zur Oberfläche des Feststoffes (dyn/cm)

σ_1 = Oberflächenspannung der Flüssigkeit (dyn/cm)

σ_2 = Oberflächenspannung des Feststoffes (dyn/cm)

$\sigma_{1,2}$ = Grenzflächenspannung fest - flüssig (dyn/cm)

Die den Randwinkel ϑ und damit eine Oberflächenkrümmung verursachenden Molekelkräfte können durch Druckkräfte senkrecht zur Flüssigkeitsoberfläche ersetzt werden. Dieser Druck, als Kapillardruck bezeichnet, wird durch die Laplace'sche Gleichung beschrieben

$$p = \sigma_1 \left(\frac{1}{R_1} + \frac{1}{R_2}\right) \quad (dyn/cm^2) \qquad (3)$$

R_1; R_2 = Hauptkrümmungsradien der Oberfläche (cm)

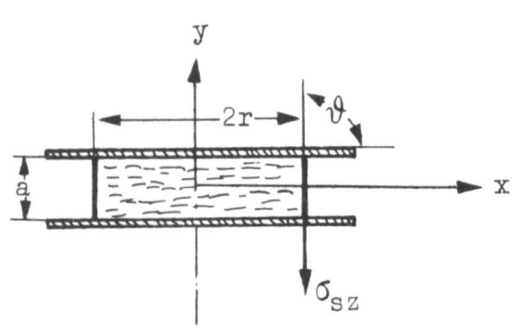

Abbildung 4
Flüssigkeit zwischen zwei kreisrunden Platten

Mit diesen Vorbemerkungen lassen sich nun Aussagen über die Kraftwirkungen des Zwickelkapillarwassers machen. Zunächst sei ein einfaches Beispiel behandelt, bei dem sich Wasser zwischen zwei Platten mit dem Abstand a und einem Randwinkel $\vartheta = 90°$ befindet (Abb. 4). Längs der Randlinie Flüssigkeitsoberfläche: Platte mit der Länge $2 r \pi$ wirkt die Spannung σ_{sz} nach Gleichung (2). Hieraus resultiert eine Anziehungskraft zwischen den Platten von:

$$K_z = \sigma_{sz} \cdot 2r\pi = \sigma_1 \sin\vartheta \cdot 2r\pi = \sigma_1 \cdot 2r\pi \quad (dyn) \qquad (4)$$

Dieses Ergebnis ist ohne weiteres verständlich, denn ein Randwinkel $\vartheta = 90°$ stellt sich nach Abbildung 3 dann ein, wenn die Kohäsionskräfte in der Flüssigkeit ebenso groß sind wie die Adhäsionskräfte des Festkörpers.

Weiter ist noch zu berücksichtigen, daß die Flüssigkeitsoberfläche in der xz-Ebene gekrümmt ist. Ist R_1 der Krümmungsradius in der xy-Ebene; R_2 derjenige in der xz-Ebene, dann herrscht nach Gleichung (3) in der Flüssigkeit ein Kapillardruck von:

$$p = -\frac{\sigma_1}{r} \quad (dyn/cm^2) \qquad (5)$$

Infolge der negativen Krümmung ist in der Flüssigkeit ein Überdruck vorhanden. Auf die benetzte Plattenfläche $r^2\pi$ wirkt somit die Kraft

$$K_p = -\frac{\sigma_1}{r} \cdot r^2 \cdot \pi = -\pi \cdot r \cdot \sigma_1 \qquad (6)$$

Nach Gleichung (4) und (6) beträgt dann die Anziehungskraft der beiden Platten

$$K = K_z + K_p = 2 \cdot r\pi \sigma_1 - r\pi \sigma_1 = r\pi \sigma_1 \quad (dyn) \qquad (7)$$

Als Beweis der Richtigkeit dieser Berechnung ist die Arbeit zu ermitteln, die zur virtuellen Verschiebung einer Platte notwendig ist.

Die Mantelfläche F_M der Flüssigkeitsoberfläche zur Luft und das Flüssigkeitsvolum V betragen

$$F_M = 2r \cdot \pi \cdot a \quad (cm^2) \tag{8}$$

$$V = r^2 \cdot \pi \cdot a \quad (cm^3) \tag{9}$$

$$r = \sqrt{\frac{V}{\pi \cdot a}} = \sqrt{\frac{V}{\pi}} \cdot a^{-1/2} \quad (cm) \tag{9a}$$

Wird Gleichung (9) in (8) eingesetzt dann wird:

$$F_M = 2\sqrt{\pi \cdot V} \cdot a^{1/2} \quad (cm^2) \tag{10}$$

Virtuelle Verschiebung δa:

$$\frac{\delta F_M}{\delta a} = \sqrt{\pi \cdot V} \cdot a^{-1/2} = \pi \cdot r \tag{11}$$

$$\sigma_1 \cdot \delta F_M = \underbrace{r \pi \sigma_1}_{Kraft} \cdot \underbrace{\delta a}_{Weg} \tag{12}$$

Die Anziehungskraft der Platten beträgt auch bei diesem Rechengang $K = \pi \cdot r \cdot \sigma_1$. Die Gültigkeit der Gleichung (7) ist damit bewiesen.

Ist der Randwinkel $\vartheta \neq 90°$, dann wird die Komponente K_z nach Gleichung (4) kleiner. Dagegen nimmt der Einfluß des Kapillardruckes sehr stark zu, weil auch eine Oberflächenkrümmung in der xy-Ebene auftritt. Diese Krümmung kann durch Kreisbögen angenähert werden, die die Platten unter dem Randwinkel ϑ schneiden.
Dann wird

$$R_1 = \frac{a}{2 \cos \vartheta} \tag{13}$$

$$R_2 = -\left[r - R_1 (1 - \sin \vartheta)\right] \tag{14}$$

$$p = \sigma_1 \left[\frac{2 \cos \vartheta}{a} - \frac{1}{r - \frac{a}{2 \cos \vartheta}(1-\sin \vartheta)}\right] \tag{15}$$

$$K = K_z + K_p = \sigma_1 \sin \vartheta + r^2 \cdot \pi \cdot \sigma_1 \left[\frac{2 \cos \vartheta}{a} - \frac{1}{r - \frac{a}{2 \cos \vartheta}(1-\sin \vartheta)}\right] \tag{16}$$

Auswertungsbeispiele der Gleichung (16):

Für $\vartheta = 0°$ ergibt sich eine Anziehungskraft

$$K = K_z + K_p = r^2 \cdot \pi \cdot \sigma_1 \left(\frac{2}{a} - \frac{1}{r - a/2}\right) \tag{16a}$$

Für $\vartheta = 180°$ eine Abstoßungskraft

$$K = K_z + K_p = -r^2 \cdot \pi \cdot \sigma_1 \left(\frac{2}{a} + \frac{1}{r + a/2}\right) \tag{16b}$$

Der Zustand, bei dem weder Anziehung noch Abstoßung auftritt, liegt je nach Plattenabstand dann vor, wenn der Randwinkel im Bereich $180° > \vartheta > 90°$ liegt.

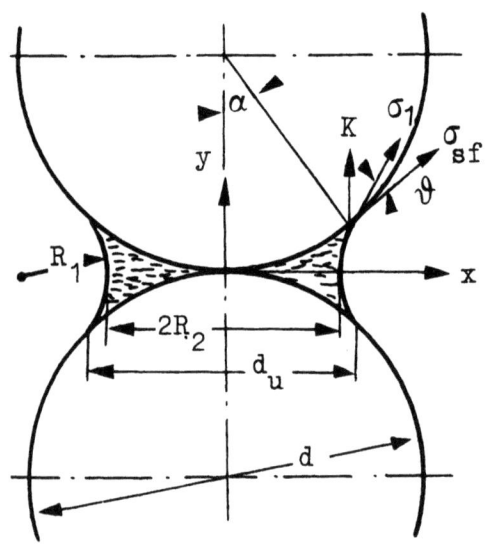

Abbildung 5
Kraftwirkung zwischen zwei Kugeln infolge Zwickelkapillarflüssigkeit

Nach diesen Ausführungen kann der analoge Fall der Kraftwirkung zwischen zwei sich berührenden Kugeln mit zwickelkapillarer Flüssigkeit ohne weitere Erklärungen beschrieben werden.

d = Kugeldurchmesser (cm)
$d_u = d \cdot \sin \alpha$ (cm)

Die Projektion der benetzten Fläche auf die xz-Ebene beträgt

$$f_b = \frac{d_u^2 \cdot \pi}{4} \quad (\text{cm}^2)$$

In Verbindung mit Abbildung 5 wird dann:

$$K_z = \sigma_1 \sin(\alpha + \vartheta) \, \pi \, d \sin \alpha \quad (\text{dyn}) \tag{17}$$

$$K_p = \sigma_1 \left(\frac{1}{R_1} + \frac{1}{R_2}\right) \frac{\pi d^2}{4} \sin^2 \alpha \quad (\text{dyn}) \tag{18}$$

$$K = K_z + K_p = \sigma_1 \sin(\alpha + \vartheta) \, \pi \, d \sin \alpha + \sigma_1 \left(\frac{1}{R_1} + \frac{1}{R_2}\right) \frac{\pi d^2}{4} \sin^2 \alpha \quad (\text{dyn}) \tag{19}$$

Zur Bestimmung der Krümmung $\frac{1}{R_1}$ wird die Flüssigkeitsoberfläche durch

Forschungsberichte des Wirtschafts- und Verkehrsministeriums Nordrhein-Westfalen

Kreisbogen angenähert, die die Kugeloberfläche unter dem Randwinkel schneiden (Abb. 5).

Dann folgt aus einfachen geometrischen Beziehungen

$$R_1 = \frac{d(1-\cos\alpha)}{2\cos(\alpha+\vartheta)} \quad (cm) \tag{19a}$$

$$R_2 = \frac{du}{2} - R_1 + R_1 \sin(\alpha+\vartheta) \quad (cm) \tag{19b}$$

Tabelle 1

Abhängigkeit der kapillaren Haftkraft (Gleichung 19) zwischen zwei Kugeln d = 0,1 cm; σ_1 = 72 dyn/cm vom Zwickelwinkel α und dem Randwinkel ϑ

α	$\vartheta = 0°$			$\vartheta = 30°$			$\vartheta = 60°$		
	K_z	K_p	K	K_z	K_p	K	K_z	K_p	K
5	0,18	8	8,18	1,16	6,65	7,81	1,83	3,23	5,15
10	0,65	20,4	21,	2,46	13,35	17,81	3,62	6,25	10,87
15	1,51	20,6	22,1	4,1	14,9	19	5,66	5,25	10,91
20	2,55	20	22,5	5,84	13,6	19,44	7,55	3,34	10,89
25	3,95	17,3	21,2	7,78	10,6	18,38	9,45	1,28	10,73
30	5,65	15,5	21,2	9,74	9,45	19,19	11,6	-0,56	11,04
40	9,25	13,2	22,5	13,6	5,65	19,25	14,2	-3	11,2
50	12,9	10,6	23,5	16,8	2,25	19,05	13,62	-4,4	11,42

α	$\vartheta = 90°$			$\vartheta = 120°$		
	K_z	K_p	K	K_z	K_p	K
5	2	- 0,78	1,22	1,67	- 4,65	- 2,98
10	3,78	- 2,6	1,18	2,94	-13,2	-10,26
15	5,66	- 5,83	-0,17	4,15	-15,5	-11,35
20	3,62	- 7,36	-0,28	4,92	-17	-12,08
25	8,55	- 8,9	-0,35	5,42	-17,6	-13,18
30	10,2	- 11	-0,8	5,9	-18,6	-12,7
40	11,2	- 13,4	-2,2	4,92	-19,2	-14,38
50	11	- 14,4	-3,4	2,9	-18,7	-15,80

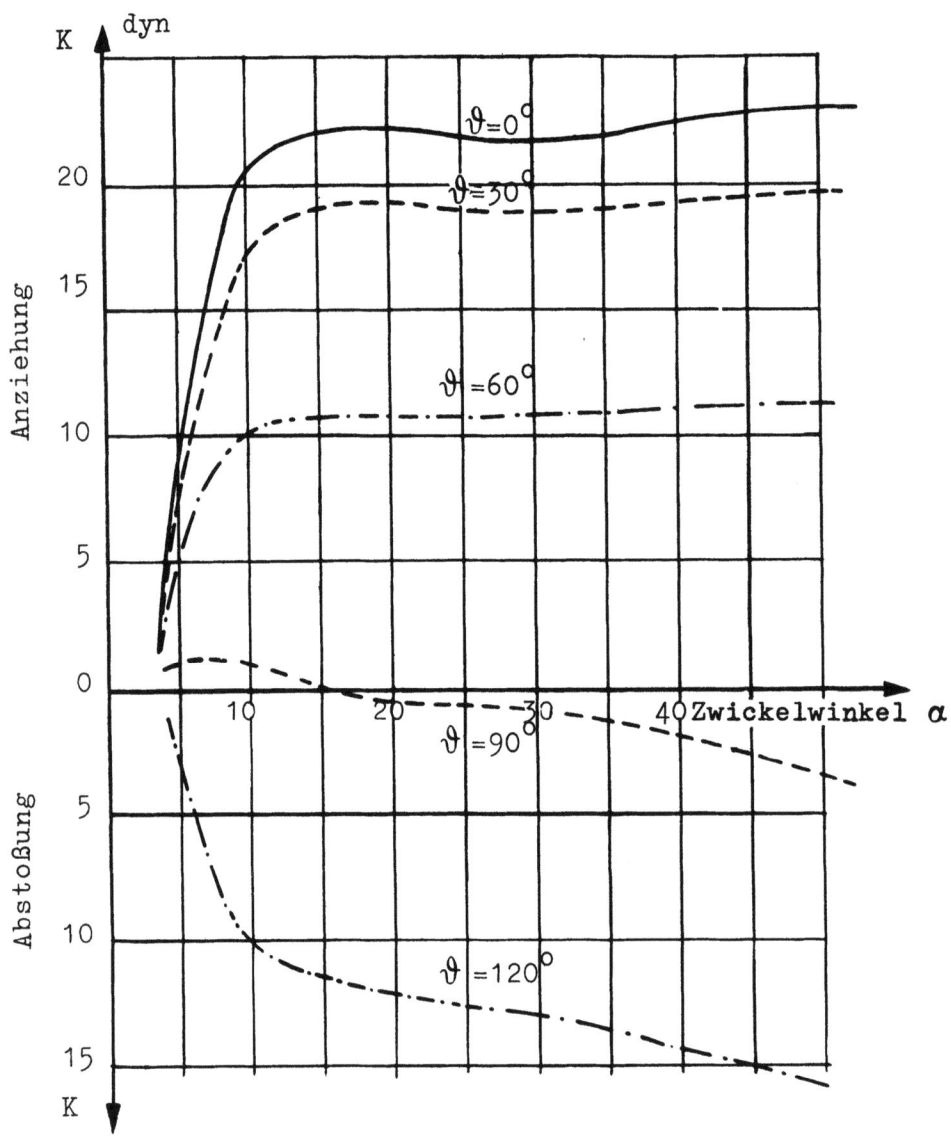

Abbildung 6

Kraftwirkungen zwischen zwei Kugeln d = 0,1 cm
infolge Kapillarwasser σ_1 = 72 dyn/cm
errechnet nach Gleichung (19)

Die Abhängigkeit der Zwickelkapillarwirkungen in einem losen, feuchten Kornverband von dem Zwickelwinkel α und dem Randwinkel ϑ wird von Gleichung (19) wenig übersichtlich angegeben. Aus diesem Grunde sind diese Abhängigkeiten in Tabelle 1 und Abbildung 6 dargestellt.

(d = 0,1 cm; σ_1 = 72 dyn/cm)

Der Einfluß der Kugelgröße auf die Haftkräfte zwischen den Kugeln läßt sich direkt aus Gleichung (19) abschätzen. Da $1/R_1$ proportional mit d abnimmt und allgemein $1/R_1 \gg 1/R_2$ ausfällt, wird auch die Kraft K etwa proportional mit d fallen, während das Eigengewicht mit d^3 sinkt. Bei einer Quarzkugel von 0,1 cm ⌀, die etwa $1,36 \cdot 10^{-3}$ pond ~1,4 dyn wiegt, können die kapillaren Haftkräfte das Eigengewicht nach Tabelle 1 um das 20-fache übersteigen, ein Verhältnis, das etwa quadratisch mit abnehmender Korngröße zunimmt.

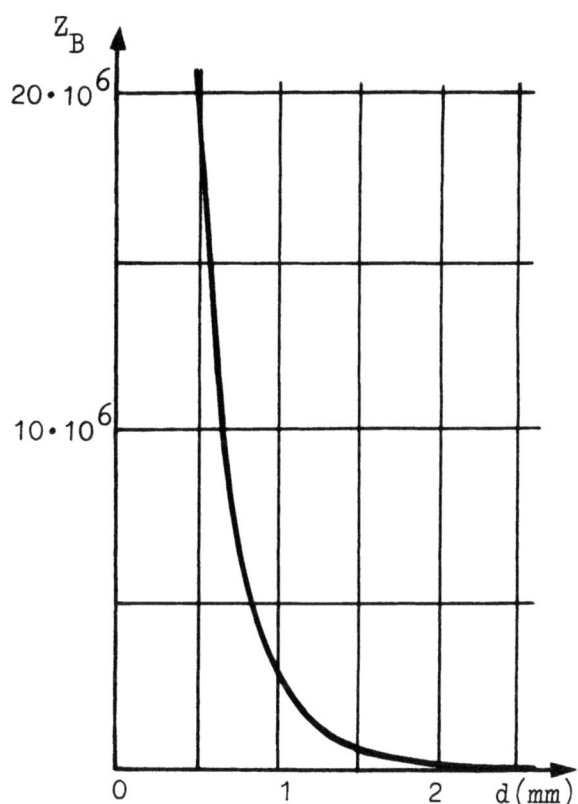

Abbildung 7
Anzahl der Berührungspunkte von 1 kg Quarzkugeln bei kubischer Packung

Um vorstehende Erkenntnisse auf Kornverbände übertragen zu können, ist es zweckmäßig, die Art der Zwickelräume zumindest für einen Grenzfall näher zu betrachten. Die Anzahl Z_B der Berührungspunkte beträgt in einem isodispersen Kugelhaufwerk bei kubischer Packung, wie sich leicht ausrechnen läßt

$$Z_B = 3 k^2 (k - 1) \qquad (20)$$

Hierbei gibt k die Zahl der Kugeln in Richtung einer Würfelkante an. Ein kp eines losen Kornverbandes besteht aus

$$a' = \frac{6}{\gamma \cdot \pi \cdot d^3} \cdot 10^6 \qquad (21)$$

Kugeln.

γ = spezifisches Gewicht   (pond/cm³)
d = Kugeldurchmesser   (mm)

Damit wird

$$k = \sqrt[3]{a'} = \sqrt[3]{\frac{6}{\pi \gamma}} \frac{10^2}{d} \qquad (22)$$

Seite 19

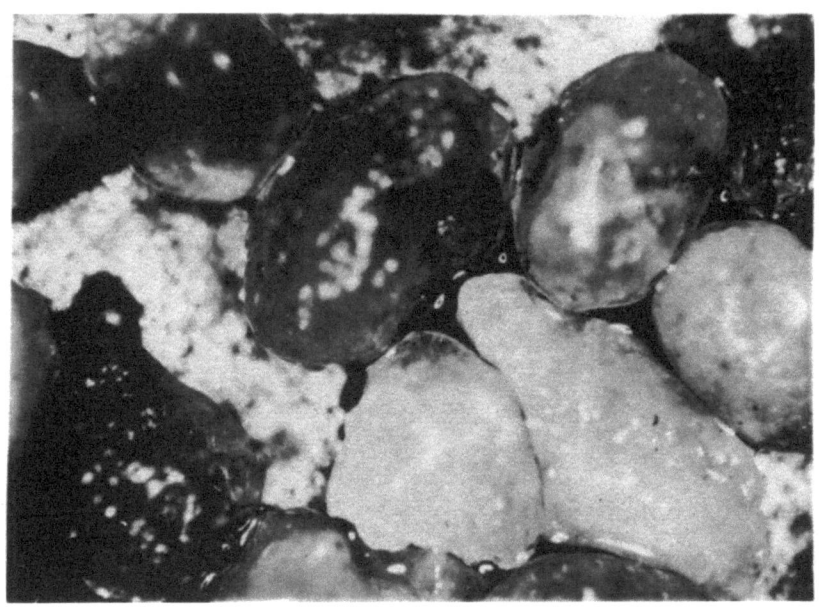

A b b i l d u n g 8
Kapillarflüssigkeit in einem Kornverband aus Quarz;
Korngröße 1,0 - 0,75 mm; Auflichtaufnahme,
30fache Vergrößerung

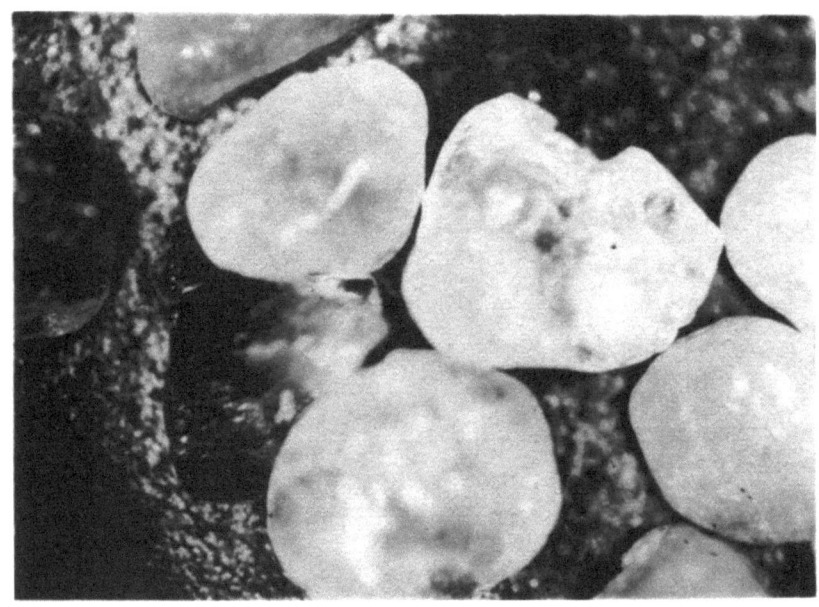

A b b i l d u n g 9
Feuchter Quarzkornverband; 1 % Feuchtigkeit;
Korngröße 1,0 - 0,75 mm; Auflichtaufnahme,
30fache Vergrößerung

Forschungsberichte des Wirtschafts- und Verkehrsministeriums Nordrhein-Westfalen

In demselben Maß wie die Anzahl der Berührungspunkte mit abnehmender Kugelgröße zunimmt, nehmen die einzelnen Zwickelvolumen ab, weil das Produkt aus Anzahl der Zwickel und dem um jeden Berührungspunkt vorhandenen Zwickelvolumen unabhängig von der Korngröße konstant ist. Bei bestimmter Kugelpackung und Feuchtigkeit ist damit auch der Zwickelwinkel α (Abb. 5) immer gleich.

Vorstehende Erkenntnisse über die Wirkungen des Zwickelkapillarwassers in Kugelschüttungen lassen sich qualitativ auf die Verhältnisse in technischen Kornverbänden übertragen, wie auch die späteren Versuchsergebnisse zeigen. Dabei ist zu berücksichtigen, daß das Zwickelkapillarwasser an den einzelnen Berührungspunkten mengenmäßig unterschiedlich verteilt ist, weil die Korngestalt mehr oder weniger von der Kugelform abweicht (Abb. 8). Nach den allgemeinen statistischen Gesetzen ist zu vermuten, daß die Anziehungskräfte im gleichkörnigen Siebgut nach Art einer Gauß'schen Glockenkurve[6) verteilt sind. Eine bestimmte Kraftgröße wird besonders häufig vorkommen, während daneben auch noch stärkere und schwächere Bedingungen auftreten.

Für genannte Kraftverteilung kann der Ansatz gemacht werden:

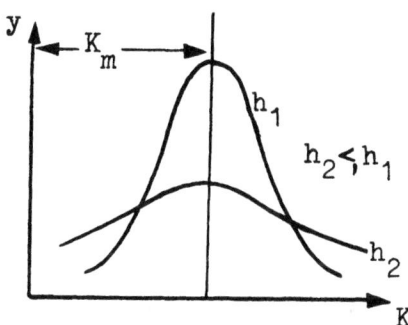

Abbildung 10
Gauß'sches Verteilungsgesetz

$$y = c \cdot h \cdot e^{-h^2(K - K_m)^2} \, dK \qquad (23)$$

$1/h$ = Verteilungsbreite K = kapillare Haftkraft (dyn)
c = Konstante K_m = häufigste Kraftgröße (dyn)

Ist die statistische Verteilung des Winkels α z.B. durch mikroskopische Betrachtung festgestellt, dann kann man die Verteilung der Haftkräfte mit Gleichung (19) errechnen. Für den mittleren Winkel α ergibt sich dabei die häufigste Kraftgröße K_m, deren Größe und Abhängigkeit von der Feuchtigkeit qualitativ durch die Ergebnisse nach Abbildung 6 beschrieben werden.

In einem Kornverband wird α allgemein nicht größer als $45°$, weil dann das Wasser der einzelnen Zwickelkapillaren ineinander überfließt.

Seite 21

a) Das Zwischenraumkapillarwasser

Wird dem Haufwerk mehr Wasser zugeführt als die Zwickelräume aufnehmen können, dann füllen sich die Zwischenraumkapillaren zunehmend aus. Dieser Vorgang erstreckt sich nicht gleichmäßig über das gesamte Haufwerk, weil infolge der Oberflächenspannung das Bestreben nach kleinster Oberfläche vorhanden ist. Aus diesem Grund werden sich zuerst die engsten Zwischenraumkapillaren auf Kosten der angrenzenden Flüssigkeit ganz auffüllen. Bei dieser Auffüllung der Zwischenraumkapillaren, die also nacheinander erfolgt, werden Zwickelflüssigkeitsoberfläche beseitigt und damit auch die entsprechenden Kraftwirkungen. Die Anziehungskräfte im

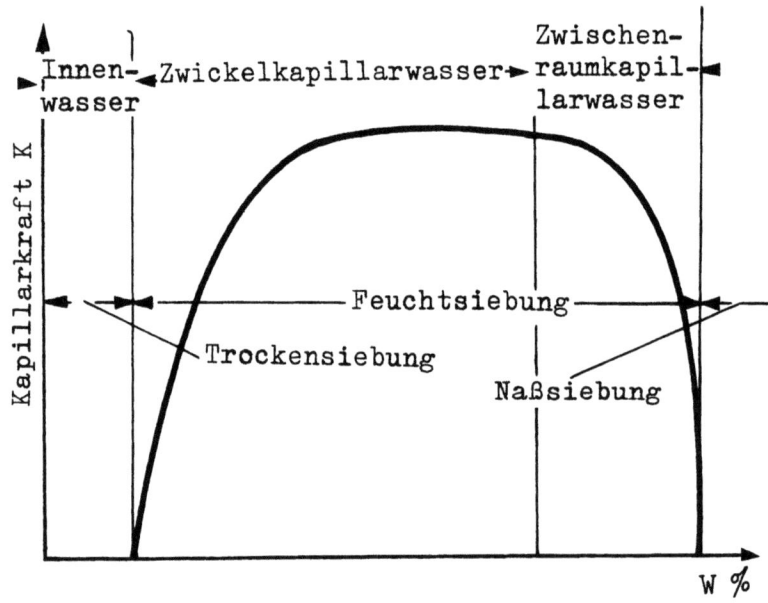

Abbildung 11

Kraftwirkungen (Qualitativ) in einem gleichkörnigen Kornverband in Abhängigkeit vom Wassergehalt

Kornverband werden dadurch verkleinert (Abb. 11). Bei voller Erfüllung des Zwischenraumvolumens treten keine zwickelkapillaren Kraftwirkungen mehr auf. Entsprechend den Feuchtigkeitsverhältnissen in einem Kornverband wird nach Abbildung 11 dann von Feuchtsiebung gesprochen, wenn das Zwischenraumvolumen des Siebgutes nur teilweise mit Wasser ausgefüllt ist.

3. Elektrische Kraftwirkungen im feuchten Kornverband

Zunächst sei der Fall des nassen Kornverbandes betrachtet. In einer Suspension -grobdispers oder kolloidal- sind die festen Teilchen meist elektrisch aufgeladen[7].

a) Ursachen dieser Aufladung

1) Beide Komponenten -also die disperse und die geschlossene Phase- sind Nichtleiter. In diesem Fall erfolgt die Aufladung durch Elektronenübergang. Eine Neigung zum Übertritt von Elektronen bei Berührung verschiedener Stoffe besteht bei allen Kombinationen. Ob ein Übertritt erfolgt und in welcher Stärke, hängt von den jeweiligen Stoffarten ab.

Für die Art der Aufladung gilt die Coehn'sche Regel, nach der sich die Komponente mit der höheren Dielektrizitätskonstante positiv auflädt. Auch bei Körpern gleicher Stoffart ist Elektronenübergang möglich als Ursache des Stoß- bzw. Abreißeffektes[8].

Trifft z.B. ein Teilchen auf ein kleineres, so können hiervon infolge der Stoßwirkungen Elektronen abgerissen werden. Dieses Teilchen lädt sich dann negativ auf. Auch beim Abreißen (z.B. Flüssigkeitslamellen) treten immer -meist nur sehr kleine- Deformationen auf, wodurch Elektronen von den abgehenden Teilen mitgeführt werden.

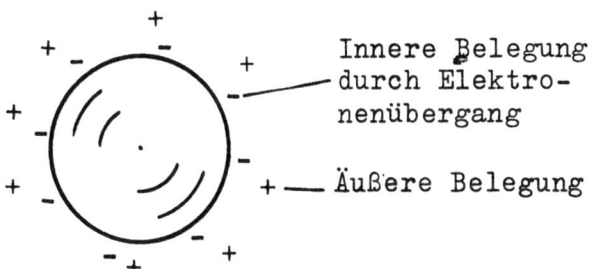

A b b i l d u n g 12
Art der elektrischen Doppelschicht bei Elektronenübergang

Beispiele: Wüstensturm, Riemenelektrizität, Wasserfall-Elektrizität, Gewitter, Geschosse etc.

2) Die Aufladung der Teilchen erfolgt durch Ionen, die folgender Herkunft sein können:

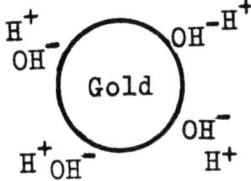 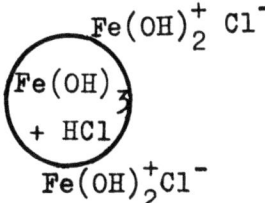 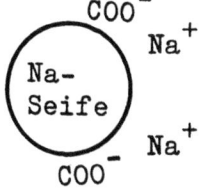

a: Aus dem Verteilungsmittel (Adsorption durch van der Waal'sche Kräfte)

b: Durch Reaktion zwischen festen Teilchen u. dem Verteilungsmittel

c: Aus den festen Teilchen, wobei das Verteilungsmittel nur die Dissoziation bewirkt

Genannte elektrische Erscheinungen sind meist Ursache der Stabilität von kolloiden Lösungen. Dieser Hinweis genügt, um die Größenordnung der elektrischen Kraftwirkungen zu umreißen.

Die prinzipielle Möglichkeit, Siebverstopfungen infolge Flüssigkeit (s. Seite 36 ff.) durch elektrische Felder zu beheben, beruht auf der Tatsache, daß geladene Teilchen im Potentialgefälle wandern (Elektrophorese) bzw. daß eine Flüssigkeitsverschiebung (Elektroosmose) hervorgerufen wird. Die Wanderungsgeschwindigkeit der Teilchen beträgt

$$u = \frac{\xi \cdot H \cdot D}{4 \cdot \pi \cdot \eta} \quad (cm/sec) \tag{24}$$

Für die Elektroosmose gilt

$$v = \frac{q \cdot \xi \cdot H \cdot D}{4 \cdot \pi \cdot \eta} \quad (cm/sec) \tag{25}$$

Hierbei bedeutet
q = Querschnitt der Kapillaren
ξ = Potential der Doppelschicht
H = angelegte Potentialdifferenz
D = Dielektrizitätskonstante
η = Viskosität

Wird ein genügend starkes elektrisches Wechselfeld senkrecht zur Siebebene hergestellt, dann muß infolge der genannten Kräfte ein Schwingen der Teilchen oder der Flüssigkeit in den Maschen auftreten. Ob sich hiermit Verstopfungen beseitigen lassen, muß versuchstechnisch festgestellt werden. Die Ausnutzung eines nach der Richtung konstanten elektrischen Feldes ist vielleicht günstiger. Vermutlich wird aber durch die parallel verlaufende Elektrolyse sehr viel Energie verbraucht.

Auch für feuchte Kornschüttungen, also bei nur teilweiser Ausfüllung des Zwischenraumvolumens mit Wasser behalten die vorstehenden Erklärungen ihre Gültigkeit. Jedoch sind die elektrophoretischen Wirkungen wesentlich schwächer, weil die Körner nur noch teilweise in polarisierter Flüssigkeit liegen. Gegenüber den Zwickelkapillarkräften, die um mehrere Zehnerpotenzen größer sind, treten die elektrischen Wirkungen vollkommen zurück. Aussichten, diese doch noch zum Tragen zu bringen, bestehen nur dann, wenn Feldstärken weit über 10000 Volt/cm Verwendung finden, die aber bei Wasserfeuchtigkeit nicht zu realisieren sind.

Das elektrische Feld beeinflußt die Zwickelkapillarwirkungen noch insofern, als die starke Polarisation der Flüssigkeitsmolekel Kraftkomponenten bewirkt, die die Wirkungen der Oberflächenspannung örtlich verstärken, an anderer Stelle auch verkleinern[9]. Dies sei am Beispiel eines Tropfens demonstriert, der sich in einem starken elektrischen Gleichspannungsfeld befindet (Abb. 13).

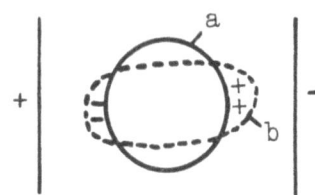

Abbildung 13
Flüssigkeitstropfen in einem elektrischen Gleichspannungsfeld. a: ohne Spannung b: bei angelegter Spannung

4. Reibungskräfte bei der Absiebung feuchten Gutes

Die Reibungsverhältnisse in einem in sich bewegten Kornverband werden durch das Adsorptions-, Adhäsions- und Zwischenraumwasser beeinflußt, wobei Form und Größe der Körner, der Abstand der Körner voneinander bzw. zum Sieb und die Flüssigkeitsmenge die Größenordnung dieser Kräfte bestimmt. So ist für eine Suspension geringer Konzentration im wesentlichen die Zähigkeit der Flüssigkeit für die Fließverhältnisse entscheidend[10].

Mit abnehmendem Wassergehalt nähern sich die Teilchen, wodurch die möglichen Reibungsstellen und damit auch die Reibungskräfte anwachsen (Abb. 14). Wird der Abstand schließlich so klein, daß sich die durch das Kraftfeld der Oberflächenmolekel des Feststoffes verursachten Adsorptionsschichten berühren, dann liegt die Grenzreibung vor. Die Größenordnung der Reibungskräfte ist im Vergleich zu

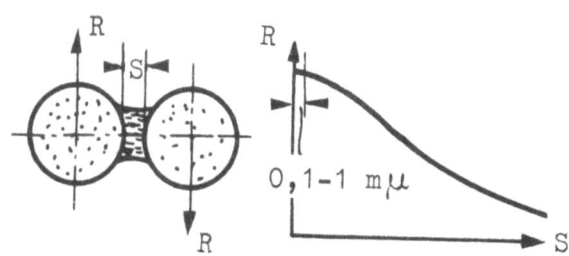

Abbildung 14
Reibungskräfte zwischen zwei Körnern aus Funktion des Abstandes

den Kapillarkräften um mehr als zwei Zehnerpotenzen kleiner, weil die relative Geschwindigkeit der Körner zueinander recht gering ist. (s. Berechnungsbeispiel Seite 50).

5. Molekulare Kraftwirkungen

Wie schon bei der Adsorption erwähnt, sind alle Körper von einem Potentialfeld umgeben, wobei die Feldstärke etwa mit dem Quadrat der Entfernung abnimmt.

Diese Molekelkräfte treten, wie aus den geschilderten Grenzflächenerscheinungen hervorgeht, umso mehr hervor, je größer das Verhältnis der Oberflächenentfaltung zu den inneren Eigenschaften (z.B. Dichte, Gewicht usw.) ist. Sie erreichen ihr Maximum bei atomaren Abmessungen, sind aber auch noch im Bereich kolloidaler Gebilde von Bedeutung, nicht aber im Bereich der siebbaren Korngrößen.

Zusammenfassend läßt sich aussagen, daß bei den für das Sieben interessierenden Korngrößen von 0,1 bis 2 mm nur die Zwickelkapillarkräfte von Bedeutung sind, die u.U. ein Vielfaches des Korngewichtes betragen und die auf Seite 9 genannten Erscheinungen wie Ball-, Haftkorn und Siebverstopfungen verursachen.

IV. Die Feuchtsiebung

Die beschriebenen Kraftwirkungen in feuchten Kornverbänden führen zu der Erkenntnis, daß die Ursachen für den Siebleistungsabfall beim Feuchtsieben auf zwei Erscheinungskomplexe zurückzuführen sind.

1) Im Sieb

Das Verstopfen des Siebbodens tritt dann auf, wenn die Stoß- und Trägheitskräfte, die durch die Siebbewegungen am Siebgut angreifen, nicht mehr ausreichen, um die kapillaren Haftkräfte zwischen Sieb und Feingut zu überwinden.

2) Auf dem Sieb

Die kapillaren Anziehungskräfte halten die Körner des Siebgutes je nach Feuchtigkeit mehr oder weniger zusammen, so daß das Feingut nicht mehr oder nur teilweise an die Siebmaschen abgegeben wird.

Um diese Feststellungen bestätigen und um entsprechende Gegenmaßnahmen prüfen zu können, wurde folgender Versuchsplan aufgestellt:

A. Vorgänge in den Siebmaschen
   Beseitigung von Siebverstopfungen infolge Feuchtigkeit durch:
   1. Direkte elektrische Widerstandsbeheizung des Siebbodens

2. Induktives Beheizen des Siebbodens
3. Vergrößerung der Siebamplitude
4. Oberschwingungen des Siebbodens
5. Elektrische Felder
6. Ändern des Randwinkels: Sieb-zwickelkapillare Flüssigkeit
7. Ändern der Form des Siebbodens
8. Mechanische Verfahren

B. Vorgänge auf dem Sieb
1. Überwindung der kapillaren Haftkräfte im Siebgut durch hohe Siebkräfte
2. Herabsetzen der Anziehungskräfte durch
   a) Erniedrigung der Oberflächenspannung
   b) Vergrößern des Randwinkels
   c) Ersatz des Kapillarwassers durch andere Flüssigkeiten.

1. Die Versuchsanlagen

Nach dem vorliegenden Plan ist eine Versuchseinrichtung zu schaffen, mit der sich die Wirkungsweise der oben genannten Verfahren untersuchen lassen. Dabei kommt es nicht so sehr darauf an, Versuchsergebnisse zu finden, die eine unmittelbare Unterlage für die Konstruktion von Siebmaschinen geben, sondern wir wollen vielmehr grundlegende Erkenntnisse über den verfahrenstechnischen Prozeß gewinnen. Dazu ist es vorteilhaft, die Güte und den Erfolg der einzelnen Methoden durch die jeweils erreichte Siebleistung anzugeben. Jedoch sind dazu alle Einflüsse auszuschalten, soweit sie nicht von der Feuchtigkeit herrühren[11].

Das bedingt, daß Art, Länge, Breite und Neigung des Siebbodens sowie die Siebbewegung für alle Versuche gleich sein müssen. Diese Forderungen sind leicht zu erfüllen, nicht aber die weitere Notwendigkeit, daß immer eine gleiche Schichthöhe auf dem Sieb vorhanden ist. Durch Regelung der Aufgabemenge kann man diese Voraussetzung wohl für den Siebanfang, nicht aber für die gesamte Sieblänge schaffen. Eine weitere Schwierigkeit ergibt sich dadurch, daß Siebleistungen nur bei gleichem Siebgütegrad vergleichbar sind.

Da diese beiden Bedingungen für den zu erwartenden großen Siebleistungsbereich mit normalen Siebmaschinenausführungen nicht zu erfüllen sind, wird eine Anordnung gewählt, bei der ein senkrecht schwingendes, kastenförmig umfaßtes Sieb nach Abbildung 15 mit einer Korngröße beschickt wird, die etwas kleiner als die Maschenweite ist. Bei einer leicht einzustellenden Schichthöhe sind dann die Siebleistungen (Durchgang) direkt miteinander vergleichbar.

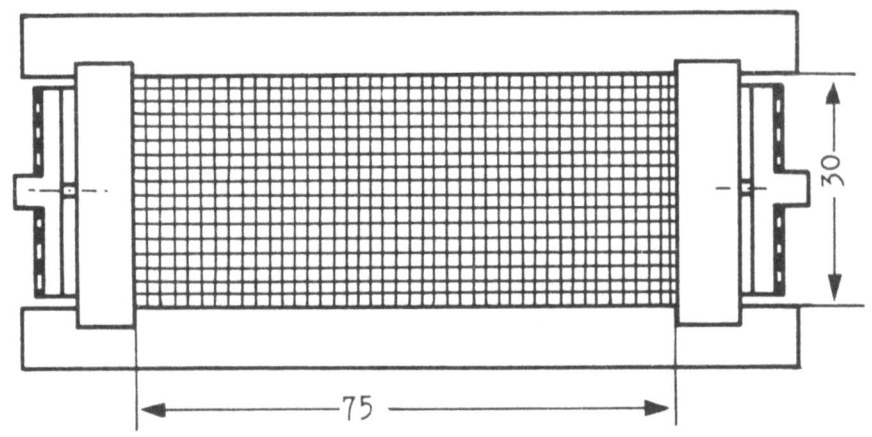

Abbildung 15
Konstruktion des Versuchssiebes; der Rahmen besteht aus Pertinax

Die Gesamtversuchsanlage, nach den Forderungen des Versuchsplanes aufgestellt, ist in Abbildung 16 angegeben.

Die Beschickung des Siebes erfolgt über eine in der Mengenleistung verstellbare Dosierrinne (5), wobei durch Abdeckungen dafür Sorge getragen wird, daß hier keine Trocknung des feuchten Aufgabegutes auftritt.

Zur Erzeugung der Schwingungen dient der nach dem elektromagnetischen Prinzip arbeitende Schwingungserreger (4), wobei der herausragende Stift, der durch zwei entgegen wirkende Federn in der Nullage gehalten wird, fest mit dem Siebrahmen verbunden ist. Die Speisung dieses Gerätes kann wahlweise mit Netzfrequenz über den Schiebetrafo 6 und den Regelwiderstand 7 oder mit Wechselstrom von 3 bis 10000 Hz erfolgen, der dem RC-

Forschungsberichte des Wirtschafts- und Verkehrsministeriums Nordrhein-Westfalen

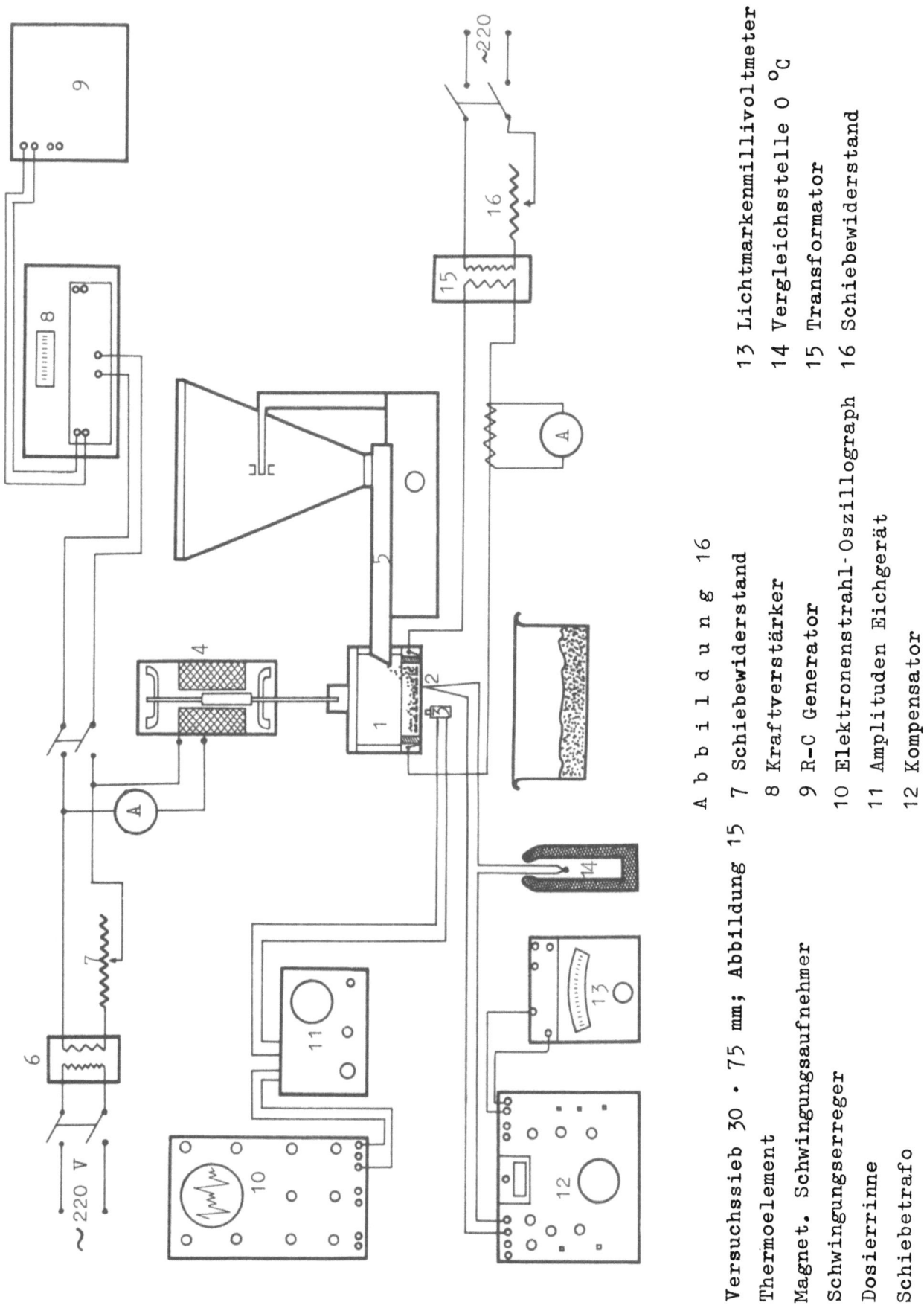

Abbildung 16

1 Versuchssieb 30 · 75 mm; Abbildung 15
2 Thermoelement
3 Magnet. Schwingungsaufnehmer
4 Schwingungserreger
5 Dosierrinne
6 Schiebetrafo
7 Schiebewiderstand
8 Kraftverstärker
9 R-C Generator
10 Elektronenstrahl-Oszillograph
11 Amplituden Eichgerät
12 Kompensator
13 Lichtmarkenmillivoltmeter
14 Vergleichsstelle 0 °C
15 Transformator
16 Schiebewiderstand

Generator 9 über den Kraftverstärker 8 entnommen wird. Da die Stromstärken beider Kreise geregelt werden können, bereitet die Einstellung der Siebamplituden von 0 - 4 mm keine Schwierigkeiten. Eine Überlagerung der Netzfrequenz mit der im Generator eingestellten Frequenz ermöglicht die Erzeugung spezieller Schwingungen.

Der elektromagnetischen Aufnehmer 3 erzeugt der Siebgeschwindigkeit proportionale Spannungen, die dem Amplitudenmeßgerät 11 zugeführt werden. Dieses Gerät enthält Schaltelemente, die die vom Aufnehmer ankommende Spannung dx/dt in eine dem Weg x oder der Beschleunigung d^2x/dt^2 proportionale umwandelt. Mit Hilfe des Elektronenstrahloszillographen 10 lassen sich diese Spannungen bildlich darstellen und durch Eichspannungen, die dem Amplitudenmeßgerät entnommen werden, auswerten.

Für die direkte elektrische Widerstandbeheizung des Siebes liefert ein Transformator 15 primär 220 Volt 11,4 Amp., secundär 42 Volt 59,5 Amp. die notwendigen Stromstärken. Im Primärkreis eingeschaltete Widerstände 16 ermöglichen eine stufenlose Einstellung der Stromstärke zwischen 0 und 60 Ampère im Sekundärkreis.

Die Siebtemperatur wird mit Thermoelementen aus Kupfer-Konstantan von 0,1 mm ⌀, die vor dem Auflöten auf die Sieboberfläche auf 0,05 mm ausgewalzt wurden, **gemessen**. Da die Versuche jeweils bei einer bestimmten Temperatur durchgeführt werden, muß zur Regelung der Beheizung eine schnelle Temperaturanzeige gewährleistet sein. Hierzu eignet sich das Lichtmarkenmillivoltmeter 13. Zur Eichung und Kontrolle wird der Kompensator 12 benutzt.

2. Versuchsdurchführung und -auswertung

Ein Vergleich zwischen den Kraftwirkungen von Korngewicht und Siebbeschleunigung einerseits und den kapillaren Haftkräften nach Gleichung 19 andererseits ergibt, daß Siebschwierigkeiten infolge Feuchtigkeit besonders bei Maschenweiten $< 1,5$ mm auftreten. Diese Tatsache bestimmt die Wahl folgender Versuchssiebe: Quadratmaschensiebe aus Federstahldraht (150 - 230 kg/mm^2).

Maschenweite (mm)	Drahtstärke (mm)	Freie Siebfläche (%)	Korngröße des aufgegebenen Siebgutes (mm)
1	0,5/0,45	44,5	1/0,75
0,75	0,35/0,32	52,9	0,75/0,5
0,5	0,22/0,2	52,7	0,5/0,38

Um eine von der Kornverteilung unabhängige Siebleistung zu erhalten, werden die in obiger Tabelle angegebenen engen Kornfraktionen benutzt. Entmischungsvorgänge auf dem Sieb und in der Aufgabevorrichtung sind damit ausgeschlossen. Infolge des großen Anteils an siebschwierigem Korn treten leicht Siebverstopfungen auf, deren Erfassung Ziel der Versuche ist.

Als Versuchsmaterial wird Quarz wegen seiner guten Formbeständigkeit gewählt, das noch den Vorzug besitzt, kein Innenwasser zu enthalten, wodurch der absolut trockene Zustand leicht herzustellen ist. Dieser ist Voraussetzung für eine genaue Einstellung der gewünschten Feuchtigkeit, die in der in Abbildung 17 skizzierten, wasserdichten Mischtrommel vorgenommen wird. Dieses Verfahren erlaubt ein systematisches Ändern der Feuchtigkeit und ist einer Wasserbestimmungsanalyse in Bezug auf Zeitdauer und Genauigkeit überlegen.

Abbildung 17
Mischtrommel

Die Leistung der Dosierrinne wird bei jedem Versuch so eingestellt, daß auf dem Sieb eine Schichthöhe von 6 mm vorhanden ist. Nach einer Siebdauer von zwei Minuten ist im allgemeinen ein genügender Beharrungszustand erreicht, der Voraussetzung für den Beginn der Messung ist.

Die Grundbeschleunigung des Siebes (bei Belastung mit Siebgut) wird durch den nach zwei Methoden und damit sehr genau geeichten Erregerstrom eingestellt.

a) Mit Hilfe des **Amplitudeneichgerätes**, dem Elektronenstrahloszillographen und dem Aufnehmer lassen sich die Beschleunigungswerte des Siebbodes direkt messen und den jeweiligen Erregerströmen zuordnen.

Forsohungsberichte des Wirtschafts- und Verkehrsministeriums Nordrhein-Westfalen

b) Das stroboskopische Verfahren ermöglicht eine genaue Messung der Amplitude x_o. Mit der bekannten Erregerfrequenz, die bei allen Versuchen 50 Hz für die Grundschwingung beträgt, errechnet sich die Beschleunigung b zu

$$b = x_o \omega^2 \quad \sin \omega \tau \;(m/sec^2) \qquad (26)$$

$$\omega = 2\pi \nu \qquad \nu = \text{Frequenz} \;(1/sec)$$

die als Vielfaches der Erdbeschleunigung angegeben wird.

$$b = z \cdot g \qquad (m/sec^2) \qquad (27)$$

Die Siebleistung ist durch das Gewicht des Siebdurchganges in der gemessenen Zeiteinheit festgelegt.

Der Wärmeverbrauch errechnet sich bei rein Ohm'scher Belastung zu:

$$Q = 860 \cdot U \cdot I \cdot 10^{-3} \;(kcal/h) \qquad (28)$$
$$U = \text{Spannungsabfall im Sieb (Volt)}$$
$$I = \text{Stromstärke (Ampère)}$$

Die Art der erklärten Versuchsführung liefert für Siebversuche außerordentlich gut reproduzierbare Werte, weil z.B. die Einflüsse von veränderlicher Schichthöhe, von Entmischungsvorgängen und der Kornverteilung ausgeschlossen werden konnten. Die Streuung der Versuchswerte ist für alle Ergebnisse kleiner als 10 %, wobei dieser maximale Wert in einem Feuchtigkeitsbereich erreicht wird, in dem starke Siebleistungsänderungen auftreten. Geringe Schwankungen im Wassergehalt äußern sich dann merkbar in der Siebleistung. Da nur grundlegende Erkenntnisse interessieren, ist es ohne Belang, daß der im Versuch gewählte Siebvorgang etwas von den in der Praxis allgemein üblichen Verfahren abweicht.

3. Vorgänge in den Siebmaschen

a) <u>Quantitative Beschreibung von Siebverstopfungen</u>

Beim Siebprozeß besteht in Bezug auf Verstopfungen zu jedem Zeitpunkt ein Gleichgewichtszustand, der durch den Verhältniswert

$$\varepsilon = \frac{\text{Anzahl der pro sec beseitigten Verstopfungen}}{\text{Anzahl der pro sec gebildeten Verstopfungen}} = \frac{v_b}{v_g}$$

Forschungsberichte des Wirtschafts- und Verkehrsministeriums Nordrhein-Westfalen

gekennzeichnet ist. Dieser Verstopfungskoeffizient beschreibt den zeitlichen Verlauf der Siebleistung, wenn die Betriebsbedingungen unverändert bleiben. Der Verstopfungsgrad der freien Siebfläche nach einer Siebdauer Z_s ergibt sich wie folgt:

Mit n_1 = Anzahl der verstopften Maschen und m = Anzahl der Maschen des Siebbodens wird

$$dn_1 = (v_g - v_b) \cdot dZ$$

$$n_1 = \int_0^{Z_s} (v_g - v_b) \cdot dZ \qquad (29)$$

Für den Verstopfungsgrad des Siebbodens gilt somit

$$f_v = \frac{n_1}{m} \cdot 100 = \frac{100}{m} \int_0^{Z_s} (v_g - v_b) \cdot dZ \; \% \qquad (30)$$

Wird eine Masche betrachtet, dann zeigt sich, daß jede Verstopfung eine bestimmte Zeitdauer existiert. Man kann so für die gesamte Siebfläche eine mittlere, statistische Verstopfungsdauer definieren, die man zweckmäßigerweise auf die Anzahl der zu dem betreffenden Zeitpunkt gebildeten Verstopfungen bezieht.

$$n_1 = v_g (Z_v - \tau_d) \qquad (31)$$

$$Z_v = \frac{n_1}{v_g} + \tau_d \quad (sec) \qquad (32)$$

τ_d = Zeitdauer einer Siebschwingung (sec)

Die quantitative Bestimmung des Verstopfungsgrades f_v erfolgt am besten über die Siebleistungswerte, weil diese linear mit der freien Siebfläche verknüpft sind

$$f_v = 100 - \frac{L_{Z_s}}{L_u} \cdot 100 \; (\%) \qquad (33)$$

L_{Z_s} = Siebleistung nach einer Siebdauer Z_s (t/m²h)
L_u = Siebleistung bei nicht verstopftem Sieb (t/m²h)

Für die gewählte Versuchsdauer von 10 Minuten beträgt der Verstopfungskoeffizient ε auf Grund von Kontrollmessungen etwa $\varepsilon \sim 1$, so daß die mittlere Verstopfungsdauer den Verstopfungsgrad anschaulich beschreibt.

Abbildung 18a
Siebverstopfungen infolge Feuchtigkeit bei Quarz; 1 mm Maschenweite;
Auflichtaufnahme Vergrößerung 30fach

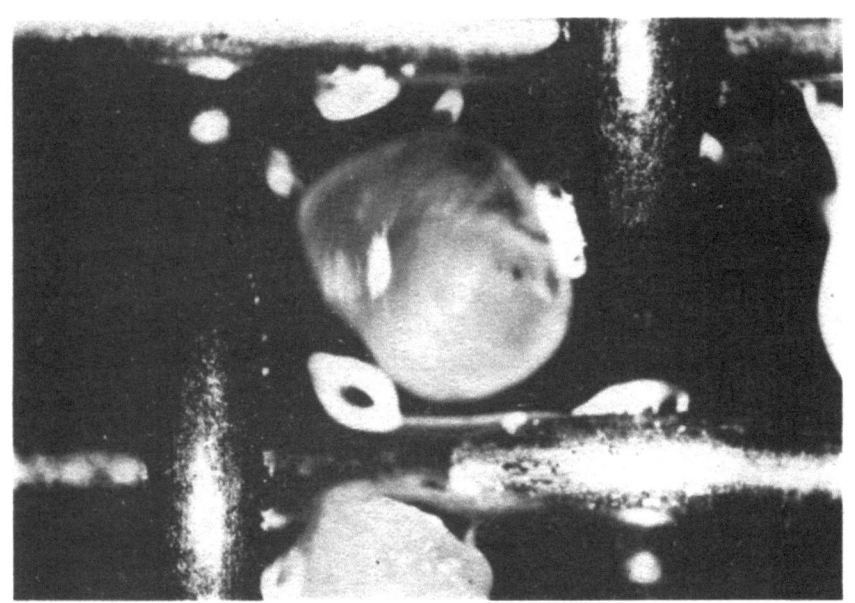

Abbildung 18b
Siebverstopfungen infolge Feuchtigkeit bei Quarz; 1 mm Maschenweite;
Auflichtaufnahme Vergrößerung 40fach

A b b i l d u n g   18c
Siebverstopfung infolge Feuchtigkeit bei Quarz; 1 mm Maschenweite;
Auflichtaufnahme Vergrößerung 50fach (Masche aufgeschnitten)

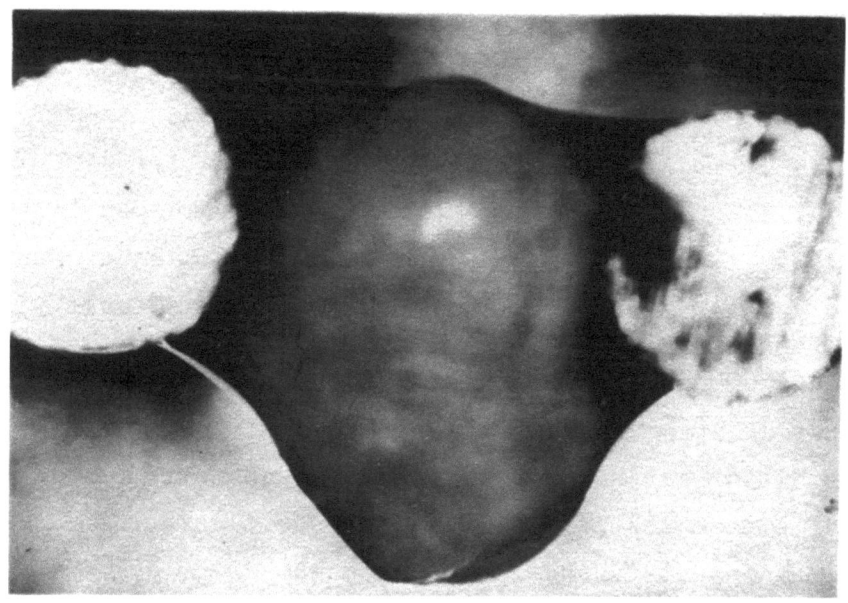

A b b i l d u n g   18d
Siebverstopfung infolge Feuchtigkeit bei Quarz; 1 mm Maschenweite;
Auflichtaufnahme Vergrößerung 50fach (Masche aufgeschnitten)

Die Anzahl der gebildeten Verstopfungen v_g ist durch die Betriebsbedingungen festgelegt, so daß sich die Maßnahmen zur Herabsetzung des Verstopfungsgrades quantitativ im wesentlichen in einer Verkürzung der Verstopfungsdauer Z_v auswirken.

b) Art und Ursache der Siebverstopfungen

Für den vorliegenden Fall der Feuchtsiebung treten die Verstopfungen, wie sie bei trockenem Gut vorhanden sind (verklemmen usw.) weit in den Hintergrund. Bei feuchtem Siebgut ist die Ursache fast ausschließlich in den Zwickelkapillarkräften zu suchen. Diese werden wirksam, wenn das Feinkorn in die Maschen eintritt und dabei die Siebdrähte berührt (Abb. 18). Für die Festigkeit, mit der beispielsweise ein Kugelkorn in einer Masche festgehalten wird, gelten sinngemäß die Ausführungen von Seite 16.

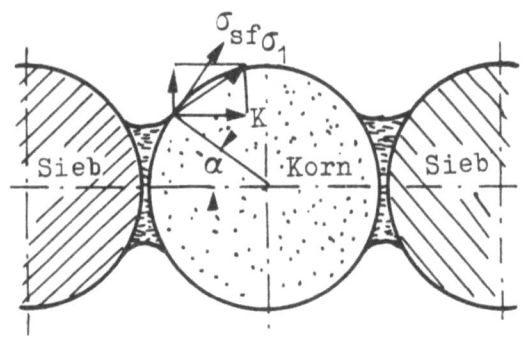

A b b i l d u n g 19
Kraftverhältnisse in einer
verstopften Masche

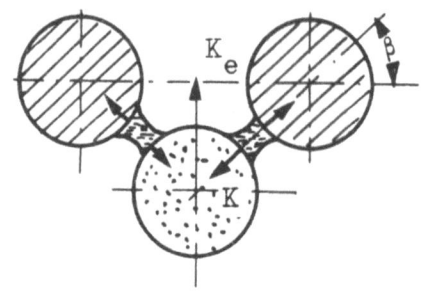

A b b i l d u n g 20
Kraftwirkungen in einer verstopften Masche, wenn das Korn ausgelenkt wird

Befindet sich die Kugel genau in der Mitte der Siebmasche, dann treten in senkrechter Richtung (Abb. 19) keine Kraftwirkungen auf. Wird das Korn aber aus der Mittellage herausbewegt, z.B. nach unten, dann wirken auf das Korn Kräfte nach Abbildung 20. Für den dort dargestellten Sonderfall errechnet sich die entstehende Komponente zu:

$$K_e = K \cdot \sin \beta \qquad (34)$$

Mit der Annahme, daß die Krümmung der Zwickelflüssigkeitsoberfläche überall gleich ist, ergibt sich K nach Gleichung (19). In der Gleichung (34) treten zwei gegenläufige Erscheinungen auf. Mit der Auslenkung des Kornes wird der Winkel β und damit ein Faktor in der Gleichung größer. Da aber das Volum der Zwickelflüssigkeit gleich bleibt, wird durch die Vergrößerung des Abstandes zwischen Korn und Masche die von der Flüssigkeit

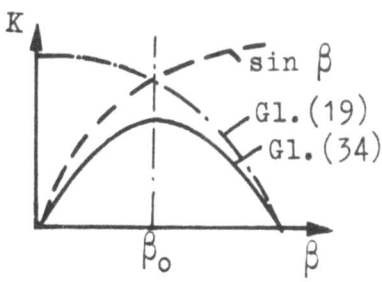

Abbildung 21
Anziehungskraft K_e zwischen
Sieb und Korn als Funktion
der Auslenkung

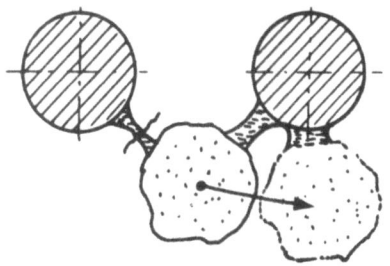

Abbildung 22
Abreißen einer Flüssig-
keitslamelle bei der
Siebung

benetzte Fläche F_b und damit der Winkel α kleiner, woraus eine entsprechende Abnahme der Größe K nach Gleichung (19) resultiert. Diese entgegengesetzt verlaufenden Wirkungen sind in Abbildung 21 dargestellt. Siebmasche, Korn und Flüssigkeit stellen somit ein recht interessantes Schwingungssystem dar, (Abb. 22a) das z.B. zerstört wird, wenn die Auslenkung β so groß ist, daß der dem optimalen Wert entsprechende Winkel β_o überschritten wird. Im allgemeinen wird die Festigkeit der beiden Flüssigkeitslamellen verschieden groß sein. Das Korn wandert nach Überschreiten des kleinsten optimalen Wertes unter das Sieb (Abb. 22), eine Erscheinung, die beim Sieben feuchter Kornverbände immer festzustellen ist.

Beim Siebvorgang greifen an ein verstopfendes Korn die elastischen Kräfte K_e nach Abbildung 20 sowie Trägheits- und Stoßkräfte an.

Zur Diskussion der Trägheits- und elastischen Kräfte eignet sich das in Abbildung 23 angegebene Schwingungssystem als Ersatzschema zu Abbildung 20. Obwohl die elastische Kraft K_e nicht harmonisch ist, kann man für vorliegende Problemstellung zur Vereinfachung eine lineare Federcharakteristik annehmen. Unter Vernachlässigung der Dämpfung wird die maximale Amplitude x_2 der erzwungenen Schwingung im Vergleich zur Siebamplitude x_o dann durch die Gleichung

$$\frac{x_2}{x_o} = \frac{c'}{c' - m_2 \omega^2} = \frac{1}{1 - \frac{m_2}{c'}\omega^2} = \frac{1}{1 - \left(\frac{\omega}{\omega_E}\right)^2} \quad (35)$$

beschrieben. Zur sicheren Beseitigung einer Verstopfung ist eine ausreichende Differenz $x_2 - x_o$ (Auslenkung Abb. 21) Voraussetzung. Diese ist nach Gleichung (35) am größten, wenn die Siebfrequenz mit der

Forschungsberichte des Wirtschafts- und Verkehrsministeriums Nordrhein-Westfalen

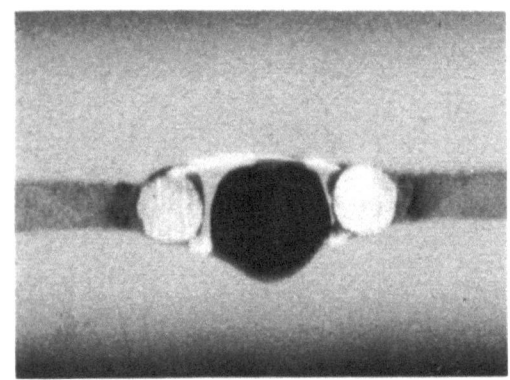
1

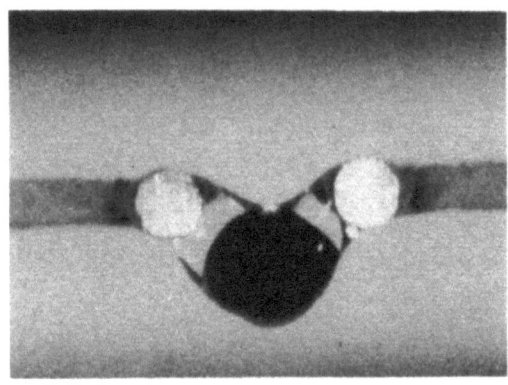
4

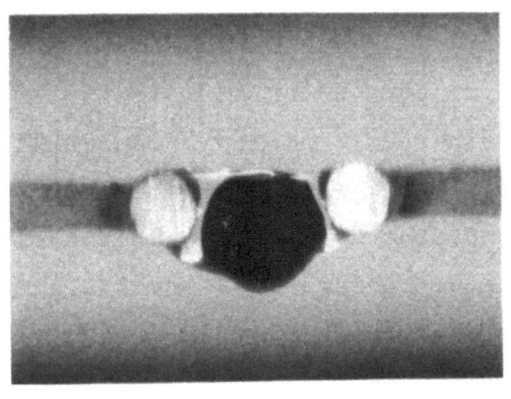
2

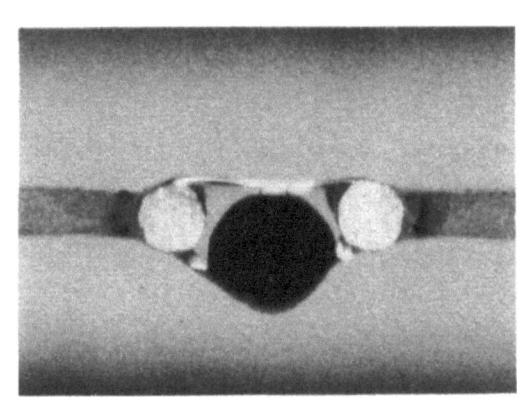
5

3

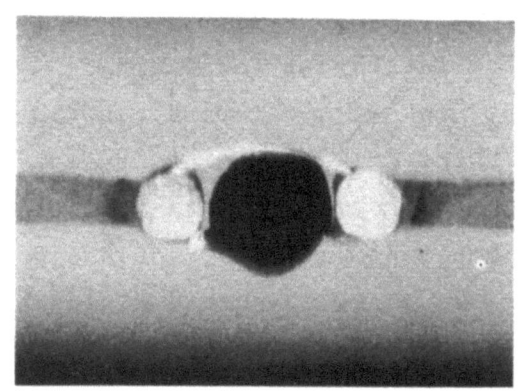
6

A b b i l d u n g   22a
Verhalten eines zwischen Flüssigkeitslamellen federnd
in einer Siebmasche hängenden Korns
Korngröße rd. 1,2 mm Schwingungsfrequenz ν des Siebbodens 50 Hz
zeitlicher Abstand der Bilder $1/300$ S

Eigenschwingungszahl des Kornes übereinstimmt. Für $\omega_E \ll \omega$ wird die Differenz etwa proportional der Siebamplitude x_o. Die erwähnten Resonanzbedingungen lassen sich aber praktisch nicht realisieren, weil ω_E infolge der Vielfalt der Verstopfungsgebilde in weiten Bereichen schwanken wird. Zudem weicht die Federcharakteristik nach Abbildung 21 vom linearen Verhalten ab, so daß ω_E auch noch eine Funktion der Auslenkung ist. Für die im Versuch vorliegenden Fälle gilt auf Grund von Beobachtungen $\omega_E < \omega$, so daß die Beseitigung von Verstopfungen durch Trägheitskräfte nur mit einer ausreichenden Siebamplitude möglich ist.

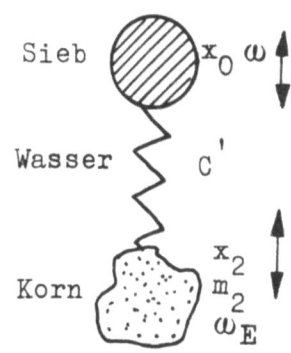

Abbildung 23
Ersatzschema zu Abbildung 20

Stoßvorgänge treten zwischen den Verstopfungen einerseits und dem Sieb a) und dem Siebgut b) andererseits auf (Abb. 24). Nach den bekannten Stoßgesetzen wird sich eine hohe Siebgeschwindigkeit und eine genügende Schichthöhe bei dichter Lagerung zur Beseitigung von Verstopfungen günstig auswirken. Die Masse der Siebdrähte sollte möglichst groß sein, jedoch muß sich diese Forderung der Herstellung einer möglichst großen, freien Siebfläche unterordnen. Bei sehr weichen Stoffen, z.B. Braunkohle sind Stoßvorgänge von untergeordneter Bedeutung, weil viel Stoßenergie zur irreversiblen Formänderung des Siebgutes verbraucht wird. Für das Beseitigen der Siebverstopfungen ergeben sich aus Gleichung (34) folgende prinzipielle Möglichkeiten:

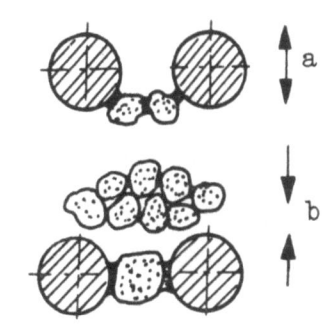

Abbildung 24
Stoßvorgänge bei der Siebung

1) Verringern der Menge der Kapillarflüssigkeit (Trocknung usw.)
2) Vergrößern der Siebbeschleunigung
3) Vergrößern des Randwinkels
4) Wahl der richtigen Maschenform

c) Erwärmen des Siebbodens durch direkte elektrische Widerstandsheizung

Bei diesem Verfahren wird das im Siebrahmen elektrisch isoliert eingespannte Sieb mit hohen Stromstärken (bei niedrigen Spannungen) belastet und dadurch erwärmt. Die erste Patentanmeldung, die dieses Verfahren zum Gegenstand hat, stammt aus dem Jahre 1929[12)13)]. Nach genanntem

Verfahren sind Siebversuche durchgeführt worden, wobei sich die bekannte Tatsache ergibt, daß die Leistung mit der Siebtemperatur zunimmt, wenn man zunächst von einigen Besonderheiten, die bei hohen Beschleunigungen und geringer Feuchtigkeit auftreten, absieht. Diese Versuchsergebnisse -Siebleistung als Funktion der Temperatur- sind in den Diagrammen Nr. 1a, 2a und 3a dargestellt, wobei Beschleunigung und Wassergehalt als Parameter erscheinen. In den Diagrammen Nr. 1, 2 und 3 sind die gleichen Ergebnisse als Funktion des Wassergehaltes angegeben (Parameter: Temperatur und Beschleunigung).

Wir wollen nun die Ursachen für die Leistungszunahme bei der Siebbodenerwärmung angeben.

Das Wasser zwischen Siebmasche und Korn, Ursache der Verstopfung, wird durch die Siebbodenerwärmung abgetrocknet oder verdampft. Dabei ist die Zwickelflüssigkeitsmenge soweit zu erniedrigen, daß die Kapillarkräfte kleiner als die am Korn angreifenden Trägheits- und Stoßkräfte werden. Das verstopfende Korn wird dann abgeworfen.

1) Die Trocknungsleistung

Die Zeitdauer, um die Zwickelflüssigkeitsmenge durch Verdunstung auf dem genannten Wert zu verringern, ist von der Feuchtigkeit des Siebgutes und der Siebtemperatur abhängig. Bei sonst gleichen Bedingungen steigt die Trocknungsleistung mit der Temperatur, weil sich das Gefälle zwischen dem Partialdampfdruck des Wassers in der Luft und dem an der Oberfläche des Zwickelkapillarwassers vergrößert. Erreicht der zuletzt genannte Dampfdruck den Atmosphärendruck, dann setzt die Verdampfung ein. Für den Trocknungsprozeß, bei dem Wärme- und Stofftransport gekoppelt sind, gilt nachfolgendes Wärmestrombild:

Die vom Sieb abgegebene Wärmemenge beträgt

$$Q = \alpha_m \cdot F_{Sieb} (t - t_R) \quad kcal/h \qquad (36)$$

	$\downarrow Q$		
$q_L = \alpha_L F_L [t-t_L]$	$q_f = \alpha_f F_f [t-t_f]$		
	$q_T = \sigma F_{fL} [x_K - x] r$	$q_{fL} = \alpha_{fL} F_{fL} [t_{fL} - t_L]$	$q_g = \alpha_g F_{fg} [t_{fg} - t_g]$
$\Downarrow$	$\Downarrow$	$\Downarrow$	$\Downarrow$

F_L = Wärmeaustauschende Fläche Sieb-Luft (m^2)
F_f = Wärmeaustauschende Fläche Sieb-zwickelkapillare Flüssigk. (m^2)
F_{fL} = Wärmeaustauschende Fläche zwickelkapillare Fl.-Luft (m^2)
F_{fg} = Wärmeaustauschende Fläche zwickelkapillare Fl.-Gut (m^2)
α_L = Wärmeübergangszahl Sieb-Luft (kcal/m^2 h °C)
α_f = Wärmeübergangszahl Sieb-zwickelkap. Flüssigkeit (kcal/m^2 h °C)
α_{fL} = Wärmeübergangszahl zwickelkap. Flüssigkeit-Luft "
α_{fg} = Wärmeübergangszahl zwickelkap. Flüssigkeit-Gut "
t_L = Lufttemperatur (°C)
t_f = Temperatur der Flüssigkeit (°C)
t_{fL} = Temperatur des Wassers an der Oberfläche zur Luft (°C)
t_g = Temperatur des Gutes (°C)
x_k = Feuchtigkeitsgehalt der Luft an d. Oberfläche der Flüssigk.
x = Feuchtigkeitsgehalt der Luft (kp/kp trockene Luft)
σ = Stoffübergangszahl (kp/m^2h)

Der Trocknungsprozeß wird durch die Wärmeströme q_T und q_{fL} bestimmt. Verknüpft man die hierfür im Wärmestrombild angegebenen Gleichungen mit der für den Stoffaustausch gültigen Beziehung

$$W = \sigma \, F_{fL} \, (x_K - x) \quad \text{kp/h} \tag{37}$$

dann ergibt sich

$$q_T + q_{fL} = W \left[\frac{\alpha_{fL}(t_f - t_L)}{\sigma(x_k - x)} + r \right] \quad \text{kcal/h} \tag{38}$$

Eine Berechnung der verdunsteten Wassermenge W [kp/h] nach obiger Gleichung ist nahezu unmöglich, so daß wir den Wert durch Messung ermitteln. Die Verdunstungsleistung W_{sp} (kp/m^2h) wird dabei zweckmäßigerweise auf die Siebfläche bezogen

$$W_{sp} = L \, (w_a - w_e) \quad (kp/m^2h) \tag{39}$$

L = Siebleistung (kp/m^2h)
w_a = Feuchtigkeit des aufgegebenen Gutes (%)
w_e = Feuchtigkeit des Siebdurchganges (%)
W_{sp} = Spezifische Verdunstungsleistung (kp/m^2h)

Der Wassergehalt des Siebdurchganges bei beheiztem Sieb läßt sich mit ausreichender Genauigkeit nach der in Abbildung 25 dargestellten Methode ermitteln. Der Siebdurchgang nach Trocknung fällt mit der Feuchtigkeit w_e an, mit der das unbeheizte Sieb die gleiche Leistung erzielen würde. Dieses Verfahren ist für geringe Feuchtigkeitswerte aus folgendem Grund ungenau: Im Zeitpunkt der Beseitigung der Verstopfung ist an der Berührungsstelle des Kornes mit dem ungeheizten Sieb eine bestimmte Menge an Kapillar- und Adhäsionswasser vorhanden. Dieser zuletzt genannte Wert stimmt nur dann mit dem des beheizten Siebes überein, wenn örtlich nirgends mehr Flüssigkeit abgetrocknet wird, als zur Ausbildung einer normalen Adhäsionsschicht notwendig ist. Da diese bei der verwendeten Korngröße maximal 0,7 - 1 % Feuchtigkeit ausmachen kann, ist genannte Methode für $w < 1$ zu ungenau, so daß in diesem Bereich eine Feuchtigkeitsanalyse durchzuführen ist.

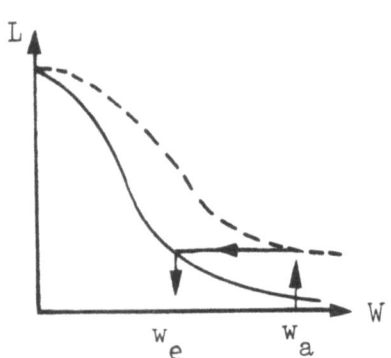

Abbildung 25
Bestimmung des Wassergehaltes w_e des Siebdurchganges

Unter Berücksichtigung dieser Tatsachen ist die Trocknungsleistung für die im Diagramm Nr. 1a angegebenen Betriebsbedingungen als Funktion der Temperatur und des Wassergehaltes berechnet worden (Diagramm Nr. 4).

Die Abhängigkeit der Trocknungsleistung von der Temperatur zeigt das zu erwartende Verhalten.

Der Einfluß des Wassergehaltes auf die Trocknungsleistung wird von einer Kurve beschrieben, die sich nicht so unmittelbar deuten läßt. Die Trocknungsleistung steigt mit zunehmendem Wassergehalt, um nach Erreichung eines Maximums wieder abzufallen. Diese Erscheinung äußert sich zahlenmäßig dadurch, daß die Differenz $w_a - w_e$ nach Gleichung (39) zunächst schneller wächst als die Siebleistung L abnimmt, ein Vorgang, der sich im Bereich höherer Feuchtigkeit umkehrt. Für eine Siebtemperatur von $t = 40\ °C$ setzt diese Umkehrung bei $w \sim 4\,\%$ ein. Rein physikalisch ist dieser Vorgang in folgendem begründet:

Grundsätzlich steigt mit dem Wassergehalt die Flüssigkeitsoberfläche. Hiervon können aber nur diejenigen Flächen am Stoffaustausch

Forschungsberichte des Wirtschafts- und Verkehrsministeriums Nordrhein-Westfalen

teilnehmen, die mit Luft in Berührung stehen, in der ein Feuchtigkeitsgefälle vorhanden ist. Mit zunehmendem Wassergehalt lagert sich das Siebgut infolge der Anziehungskräfte immer dichter aneinander, so daß ein geschlossener Materialfilm auf dem Sieb vorhanden ist. Hierdurch wird die freie Konvektion und damit die Abfuhr der gesättigten Luft von Ort der Trocknung, und der ist hier das Sieb, erschwert. Durch künstliche Belüftung kann man die Trocknungsleistung wesentlich steigern, jedoch darf die Luftbewegung nicht so stark sein, daß dadurch Staubprobleme auftreten. Der Zunahme der Stoffaustauschfläche mit dem Wassergehalt im Aufgabegut wirkt aber nicht nur eine Verschlechterung in der Abfuhr der gesättigten Luft entgegen, sondern auch noch die Tatsache, daß eine Abnahme des Wärmestromes q_f auftritt, wofür auf Seite 47 die entsprechende Begründung gegeben wird.

Die Siebverstopfungen sind dann beseitigt, wenn keine Leistungszunahme durch Temperatursteigerung mehr zu erreichen ist. Dieser Zustand liegt dann vor, wenn die Trocknungsleistung so groß ist, daß die zwickelkapillare Flüssigkeit in der Zeitdauer einer Siebschwingung soweit abtrocknet, daß die Stoß- und Trägheitskräfte in der Lage sind, das verstopfende Korn abzuwerfen. Bei jedem neuen Zusammentreffen von Sieb und Siebgut sind die Verstopfungen dann gerade beseitigt. Bei Einfachwürfen ist diese Zeitdauer durch

$$\tau_\alpha = \frac{1}{\nu} \quad (sec) \qquad \nu = \text{Frequenz des Siebes} \tag{40}$$

gegeben, die in Gleichung (31) auftritt, um nur die für den Siebvorgang effektiven Verstopfungen zu erfassen.

Bei derjenigen Siebtemperatur, bei der die Trocknungsleistung obengenannte Zeitbedingung erfüllt, knickt die Leistungskurve z.B. nach Diagramm 1a ab. Diese Temperaturen sind in nebenstehender Tabelle 2 dargestellt, wobei auf Angaben für $w > 2$ verzichtet werden muß, weil die entsprechenden Punkte außerhalb des Diagramms liegen. Mit diesen Angaben läßt sich nun der Verstopfungsgrad f_v nach Gleichung (33) berechnen, da die Leistung L_u des unverstopften Siebes bekannt ist (Diagramm Nr. 5).

Um einen Anhaltswert über die Größenordnung der mittleren statistischen Verstopfungsdauer zu erhalten, wird diese für $t = 40°C$ und $w = 2\%$ mit der Annahme berechnet, daß die Anzahl der gebildeten Verstopfungen

Seite 43

Tabelle 2

Notwendige Siebbodentemperatur, um Verstopfungen zu verhindern.

Quarz 0,75/1 mm

w (%)	t (°C)
0,5	55
0,85	75
1,25	95
2	110

ebenso groß ist, wie die Zahl der Körner, die durch das Versuchssieb (1026 Maschen) gehen ($\varepsilon = 1$).

Für $w = 2\%$, $t = 40°C$ ist $L = 0,16$ t/m²h bzw. 0,3 kp/h pro 1026 Maschen. Mit Gleichung (21) sind das

$$a' = \frac{0,3}{2,6 \cdot (0,8)^3} = 430\,000 \text{ Körner/Stunde } v_g = 117/\text{sec}$$

mit $\dfrac{f_v}{100} = 1 - \dfrac{L_{Zs}}{L_u} = \dfrac{v_g (Z_v - \tau_d)}{m}$ $m = 1026$, $\dfrac{f_v}{100} = 0,49$ (Diagr. Nr. 5)

$$\text{wird: } Z_v = \frac{1026}{117} \cdot 0,49 = \underline{4,2 \text{ sec}}$$

2) T e m p e r a t u r v e r l a u f   i m   S i e b b o d e n

Die Betriebstemperatur des belasteten Siebes liegt bei gleicher Stromzufuhr nach Diagramm Nr. 6 infolge der laufenden Kühlung durch das aufprallende und durchströmende Siebgut wesentlich unterhalb der Temperatur des leeren Siebes. Beim Einsetzen der Verstopfung stellt sich in der betreffenden Masche ein Temperaturverlauf nach nebenstehender Skizze ein, wobei Konvektionsströmungen den sich anschließenden Temperaturausgleich in der Kapillarflüssigkeit unterstützen.

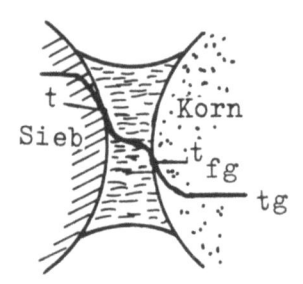

A b b i l d u n g   26
Temperaturverlauf in einer verstopften Masche

Das zeitliche Ändern der Oberflächentemperatur t in einer verstopften Masche ist so, daß durch die Kühlung zuerst ein Unterschreiten der Betriebstemperatur auftritt. Mit der Erwärmung der Kapillarflüssigkeit steigt auch die Oberflächentemperatur des Siebes wieder an, um die Betriebstemperatur zu erreichen oder auch zu überschreiten. Dies ist dadurch möglich, weil an der verstopften Stelle kein Frischgut in die Masche gelangt und eine Kühlung entfällt. Die Höhe einer evtl. örtlichen Überhitzung hängt von der mittleren Siebtemperatur, der Verstopfungsdauer, dem Verstopfungsgrad in der Umgebung und dem Wärmeleitvermögen der Siebdrähte ab.

<u>Bei dieser Art der Siebbeheizung wird nur dort und dann soviel Feuchtigkeit abgetrocknet, als zur Behebung der Verstopfung notwendig ist. Trocknungsgrad und Siebtemperatur regeln sich also örtlich selbsttätig.</u>

Wird die Siebtemperatur sehr hoch gewählt, wie es bei entsprechend großen Feuchtigkeitsgraden günstig sein kann, dann besteht die Möglichkeit, daß sich dem Trocknungsprozeß eine Verdampfung anschließt.

Die Siebtemperatur reagiert nach den Ergebnissen von Diagramm Nr. 6 recht empfindlich auf Belastungsschwankungen also Schwankungen in der Aufgabemenge. Eine genaue Einhaltung der Schichthöhe ist daher notwendig, die aber bei den vorliegenden Untersuchungen durch die Art der Versuchsdurchführung sichergestellt ist.

3) **Energiebedarf bei der elektrischen Beheizung**

Die zum Einstellen einer bestimmten Siebtemperatur notwendige Strombelastung (Diagramm Nr. 7) ergibt nach Gleichung (28) in Verbindung mit dem gemessenen Spannungsabfall U und der verwendeten Siebgröße der Energiebedarf (kWh/m^2h) nach Diagramm Nr. 8. Für einen bestimmten Zustand des Aufgabegutes steigt der Wärmebedarf, wie zu erwarten, linear mit der Siebtemperatur, so daß die mittlere Wärmeübergangszahl α_m an der Sieboberfläche für den gemessenen Bereich unabhängig von der Temperatur ist. Der Wert α_m ist ein Mittelwert, weil die Sieboberfläche nach dem Wärmestrombild von Seite 40 mit Luft, Flüssigkeit und Siebgut sowohl flächen- als auch temperaturmäßig in veränderlicher Weise in Berührung steht. Da die einzelnen Flächen mit den dazu gehörenden Wärmeübergangszahlen nicht zu erfassen sind, muß man mit dem genannten Mittelwert operieren, der am besten auf die Siebfläche, also das Produkt aus Länge und Breite bezogen wird. Hierdurch wird nicht das Verhalten, sondern nur die absolute Größe beeinflußt. Die Bestimmung der Wärmeübergangszahl α_m erfolgt nach Gleichung (36) (Diagramm Nr. 9)

Die Tatsache, daß der Wert α_m bei trockenem Siebgut am größten ist, ist darauf zurückzuführen, daß dann außer einer großen Siebleistung auch ein lebhafter Umwälzvorgang auf dem Sieb vorhanden ist. Das laufend auftreffende Frischgut stellt ein großes Temperaturgefälle an der Sieboberfläche her, woraus ein entsprechend starker Wärmestrom resultiert. Mit zunehmender Feuchtigkeit sinkt mit der Leistung auch genannter Umwälzvorgang auf dem Sieb; weiter nimmt der Verstopfungsgrad zu wodurch sich stellenweise ruhende Grenzschichten ausbilden. Diese Erscheinungen bestimmen insgesamt die Abnahme der Wärmeübergangszahl mit steigendem Wassergehalt des Siebgutes.

Von der Wärmeübergangszahl α_m wird auch die Verlustwärme q_L erfaßt, die durch die Berührungsfläche Sieb-Luft bedingt ist. Die für diese Fläche gültige Wärmeübergangszahl α_L, die aus dem Wärmeverbrauch des leeren Siebes berechnet wird, beträgt für das 1 mm Sieb $\alpha_L = 31$ kcal/m^{2}h$^\circ$C. Inwieweit der verbleibende Wärmestrom q_f zum Trocknungsprozeß verwendet wird, hängt im wesentlichen vom Wassergehalt des Siebgutes ab. Für w = 0 wird $q_f = q_g$ d.h. die gesamte zugeführte Wärmemenge geht nutzlos an das Siebgut und an die Luft. Dieser Fall tritt praktisch nicht auf, jedoch läßt sich daraus folgern, daß mit zunehmendem Wassergehalt die Verlustwärme q_g anteilmäßig zu q_f kleiner wird. Dies scheint im Bereich geringer Feuchtigkeitswerte solange zu gelten, bis die noch teilweise vorhandene trockene Berührung aufgehoben ist. Um dieses Problem weiter untersuchen zu können, ist im Diagramm Nr. 8 der Energieverbrauch je Tonne Siebdurchsatz in Abhängigkeit von der Siebtemperatur angegeben (w als Parameter). Stellt man aus diesen Werten den Verlauf des Energieverbrauches (kWh/Tonne) als Funktion des Wassergehaltes dar, dann zeigt sich, daß der Verbrauch nicht linear, sondern leicht parabolisch zunimmt. Bei t = constant wird z.B. für w = 4 % im Vergleich zu w = 2 % mehr als das Doppelte an Energie benötigt. Der Verluststrom q_g ist also bei hohen Feuchtigkeitsgraden vergleichsweise wieder stärker, eine Tatsache, die auf die lange Berührungszeit der Kapillarflüssigkeit mit dem Siebgut an den verstopften Stellen zurückzuführen ist.

Wird der Energieverbrauch für den hier vorliegenden Fall mit anderen Trocknungsmethoden verglichen, dann ergibt sich, daß die Energiebilanz bei der Siebbeheizung ungünstiger ist. Dies ist an sich auch zu erwarten, weil nur ein Teil der beheizten Fläche mit dem zu trocknenden Gut Berührung hat, im Gegensatz zu anderen Trocknungsverfahren mittels beheizter Flächen (ungenutzt an die Luft übergehende Wärmemenge q_L). Auch ist die Abfuhr der gesättigten Luft mangelhaft.

Um bei einer Verdunstung 1 kp Wasser auszutrocknen, werden nach einem Erfahrungswert etwa 1200 kcal benötigt. Wird ein 1 mm Quadratmaschensieb auf 80°C erwärmt und mit Siebgut von 4 % Feuchtigkeit beschickt, dann verdunsten nach Diagramm Nr. 4 $\sim$ 2,5 kp/m^2h, bei einem Energieverbrauch von 5 kWh/m^2h (Diagramm Nr. 8). Damit beträgt der spezifische Wärmebedarf etwa 2000 kcal/kp H_2O. Es ist also wesentlich wirtschaftlicher, das Siebgut vorher zu trocknen. Natürlich ist bei diesem Beispiel zu berücksichtigen, daß das Siebgut hier nur aus Feinkorn besteht. Die Werte verschieben sich zu Gunsten der Siebungstrocknung, wenn Überkorn vorhanden ist und auch im Durchgang viel Feines auftritt, die beide nur wenig getrocknet werden.

Eine günstigste Betriebstemperatur des Siebes ist aus dem Diagramm Nr. 8 nicht zu entnehmen. Der obere Temperaturgrenzwert (z.B. Tabelle 2, Seite 44) ist dann gegeben, wenn die Verstopfungen des Siebes in der Zeitdauer einer Siebschwingung beseitigt werden. Bis zu diesem Wert steigt die Trocknungsleistung etwa linear mit der Temperatur, so daß von der Energieseite her kein Grund vorliegt, mit einer niedrigeren Temperatur zu arbeiten. Wenn die Temperaturempfindlichkeit der Stoffe keine andere Bedingungen festlegt, dann kann man die günstigste Siebtemperatur im Bereich bis zur genannten oberen Grenze nur in Verbindung mit den Gesamtkosten feststellen.

4) E i n f l u ß   d e r   M a s c h e n w e i t e   b e i   d e r   S i e b -
b e h e i z u n g

Es ist noch die Frage zu beantworten, wie sich die Trocknungsleistung und der Energieverbrauch mit abnehmender Maschenweite bzw. Korngröße verhalten.

Damit bei der Verdunstung Flüssigkeitsmolekel in die Luft gelangen können, muß Arbeit gegen die gleichen molekularen Kräfte geleistet werden, die auch die Oberflächenspannung hervorrufen. Bei kapillaren Räumen treten zusätzlich Kraftwirkungen durch den Feststoff auf, die die Diffusion erschweren (Hygroskopizität). Der Einfluß ist umso stärker, je feiner die Kapillargebilde sind. Für den vorliegenden Fall heißt das, daß die Verdunstung bei gleicher Siebtemperatur mit abnehmender Korngröße oder bei Übergang zu Kornverteilungen mit kleinem n sinken muß, wie es z.B. auch für w = 2 % beim 0,5 mm Sieb nach Diagramm Nr. 4 gemessen worden ist.

Eine gleiche Erscheinung tritt dann auf, wenn die Kapillarflüssigkeit nicht rein, sondern als Suspension vorliegt, in der die disperse Phase im wesentlichen aus hydrophilen Bestandteilen besteht.

Auch durch molekulardispers gelöste Stoffe wird der Dampfdruck der Flüssigkeit herabgesetzt, wie es unmittelbar das Raoult'sche Gesetz beschreibt. Diese Tatsachen sind insofern von Bedeutung, als die Kapillarflüssigkeit meist vom Waschwasser der Aufbereitung her stammt.

Die Abnahme der Verdunstungsleistung mit der Maschenweite könnte auch durch eine vielleicht kleinere wärme- und stoffaustauschende Fläche bedingt sein. Da jedoch der Wärmestrom des 0,5 mm Siebes z.B. für w = 2 % nach untenstehender Tabelle, höher liegt als beim 1 mm Sieb (Diagramm Nr. 8), ist diese Vermutung nicht wahrscheinlich. Der geringere Dampfdruck des Wassers bei abnehmender Korngröße bedingt bei gleicher Leistung

T a b e l l e 3

Wärmebedarf eines 0,5 mm Siebes bei der Absiebung von Quarz 0,38/0,5 mm; w = 2 % in Abhängigkeit von der Siebtemperatur t

t	kWh/m^2h
20	0
40	2
60	4
80	6,2
100	7,8

höhere Trocknungstemperaturen oder bei gleicher Temperatur längere Trocknungszeiten, so daß die Verlustströme q_L und q_g vergleichsweise größer sein müssen, wie es auch die Darstellung kWh/Tonne im Diagramm Nr. 8 klar zeigt.

Wie schon an anderer Stelle ausgeführt, beginnen die Siebschwierigkeiten für feuchte Kornverbände je nach Wassergehalt etwa von 1,5 - 3 mm Maschenweite abwärts. Aus der Tatsache, daß das Gewicht des Kornes proportional d^3, die Kapillarkräfte aber nur mit d abnehmen, folgt, daß die Siebleistung etwa quadratisch mit der Maschenweite abfallen wird, wobei der Wassergehalt den Anstieg und die Lage der Kurve bestimmt. (Gleichung 19). Die Kurven nach Diagramm Nr. 10 zeigen dieses Verhalten für das ungeheizte und auch geheizte Sieb.

Durch Beheizen des Siebes wird nicht nur die Leistung absolut verbessert, sondern es wird auch noch der Gradient des Leistungsabfalles mit abnehmender Maschenweite kleiner. Hierfür sind im wesentlichen zwei Erscheinungen maßgebend:

1) Das Gut auf dem Sieb wird bei hohen Temperaturen vom Trocknungsprozeß mit erfaßt.
2) Es wird ein Verstopfungskoeffizient $\varepsilon = 1$ sichergestellt, der sonst bei kleinen Maschenweiten nach längerer Siebdauer sehr viel kleiner als 1 ausfällt.

Es ist in vorstehendem vorausgesetzt worden, daß die infolge der Siebbodenerwärmung einsetzende Trocknung für die Beseitigung der Siebverstopfungen entscheidend ist. Es ist noch zu beweisen, daß keine anderen Effekte bei der genannten Siebbeheizung durch die die Siebleistung teilweise mehr als um das Doppelte ansteigt, von Bedeutung sind.

5) **E i n f l u ß   d e r   Z ä h i g k e i t**

Infolge der Temperaturerhöhung tritt eine Erniedrigung der Zähigkeit des Kapillarwassers auf. Begünstigt diese Erscheinung die Beseitigung der Verstopfungen?

Diese Frage kann man mit "Nein" beantworten und zwar auf Grund folgender Tatsachen:

α) Die Zugabe von Wasser zu einem Haufwerk hebt die Grenzreibung zwischen den Körnern auf (Seite 25). Wenn durch die Zwickelkapillarwirkungen nicht gleichzeitig Anziehungskräfte auftreten würden, müßte die Siebleistung mit zunehmendem Wassergehalt ansteigen. Daß aber gerade das Umgekehrte auftritt, ist ein Hinweis für die untergeordnete Bedeutung der Zähigkeit.

β) Wenn die Zähigkeitskräfte von Einfluß wären, dann sicher nur an den engsten Stellen, nämlich den Berührungspunkten der Körner mit dem Sieb. Wenn dieser Spalt nun einmal mit Flüssigkeit gefüllt ist, dann kann eine weitere Zugabe von Wasser die Kräfte infolge Zähigkeit nicht mehr merklich beeinflussen. Die Siebleistungskurve aber fällt stetig mit wachsender Feuchtigkeit (Diagramm Nr. 1, 2, 3).

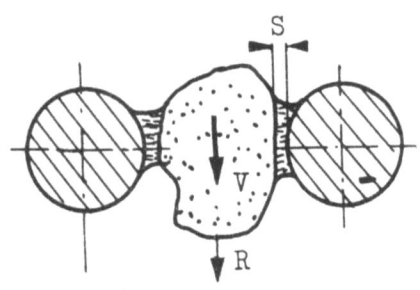

A b b i l d u n g 27
Reibungsverhältnisse in einer verstopften Masche

γ) Eine Berechnung der Reibungskräfte gibt einen quantitativen Anhalt: Die maximal auftretende Geschwindigkeit v im Versuchssieb beträgt bei z = 6g: v = 18,84 cm/sec; mit einer Berührungsfläche $F = 0,025$ cm^2, wie sie etwa bei einer Korngröße von 1 mm vorhanden ist, einer Zähigkeit von 0,5 cP und einem Spalt von 10 μ wird:

$$R = \eta F \frac{dv}{ds} = 0,5 \cdot 10^{-2} \cdot \frac{18,84}{10^{-3}} \cdot 0,025 \cdot 10^{-2} = 2,35 \cdot 10^{-2} \text{ dyn}$$

Diese Kraft tritt gegenüber dem Gewicht von $1,36 \times 10^{-3}$ pond (∼ 1,4 dyn), das beispielsweise ein Quarzkorn von 1 mm (γ = 2,6 pond/cm^3) wiegt, weit in den Hintergrund, zumal der Reibungswert für den ungünstigsten Fall errechnet worden ist.

Anders sind die Verhältnisse vielleicht dann, wenn als Flüssigkeit Öl mit der 1000fachen Zähigkeit vorliegt.

δ) Die beste Antwort über den untergeordneten Einfluß der Zähigkeit gibt der Versuch.

Es wurde wieder Quarz mit w = 0,85 % Feuchtigkeit bei verschiedenen Siebtemperaturen abgesiebt. Um ein Abtrocknen von Flüssigkeit zu verhindern, wurde unter das Sieb ein übersättigtes Dampfluftgemisch geleitet, das einige Temperaturgrade wärmer als der Siebboden war. Die entsprechenden Ergebnisse, nach denen keine merkbare Leistungszunahme bei verhinderter Trocknung auftritt, sind im Diagramm Nr. 11 angegeben. Damit dürfte der eindeutigste Beweis für die entscheidende Rolle des Trocknungsprozesses bei der Siebbeheizung geliefert sein.

6) Einfluß der Oberflächenspannung

Beim Erwärmen des Kapillarwassers tritt auch eine Abnahme der Oberflächenspannung (bei 100°C um etwa 20 %) auf. Das bedeutet natürlich eine gewisse Verringerung der Haftkräfte.

Zieht man aber noch einmal das Berechnungsbeispiel von Seite 16/17 heran dann folgt, daß die Größe der Haftkräfte wohl von der Oberflächenspannung abhängt, entscheidend bleibt aber der Randwinkel ϑ und die benetzte Fläche, die vom Wassergehalt bestimmt wird. Eine Erniedrigung der Oberflächenspannung um beispielsweise 20 % ist von untergeordneter Bedeutung.

Ein Versuch bestätigt diese Behauptung:
Würde die Abnahme der Oberflächenspannung für die Zunahme der Siebleistung bei Beheizung entscheidend sein, dann müßte dieser Effekt auch durch Zugabe oberflächenaktiver Stoffe (ohne Beheizung) zu erreichen sein.

Eine Erniedrigung der Oberflächenspannung um 25 % verbessert die Siebleistung nach Diagramm Nr. 16 nur um 0,01 t/m^2h, während bei Temperaturerhöhung auf 110°C eine Zunahme von 0,2 t/m^2h gemessen worden ist.

Abschließend läßt sich feststellen, daß die Temperaturabhängigkeit von Zähigkeit und Oberflächenspannung für die Behebung von Siebverstopfungen durch Siebbodenbeheizung von untergeordneter Bedeutung sind.

d) Erwärmen des Siebbodens durch induktives Beheizen

Bei Verwendung einer Induktionsheizung wird die Wärmeenergie durch Wirbelströme im Siebmaterial erzeugt, so daß im Vergleich zur Widerstandsheizung in Bezug auf die Wärmeverwendung vollkommen gleiche Verhältnisse vorliegen.

Da die mit Hoch- oder Mittelfrequenz gespeisten Spulen über der Siebfläche angebracht werden, hat diese Beheizung den Vorteil, daß sie sich in vorhandene Anlagen ohne weiteres einbauen läßt und die Schwierigkeiten der Stromzuführung zum schwingenden Siebboden bei der Widerstandsbeheizung umgeht.

Außer der Erzeugung von Wärmeenergie übt das magnetische Feld Kraftwirkungen auf das ferromagnetische Siebmaterial in Richtung wachsender Feldstärke aus. Da eine induktive Heizung ein Wechselfeld verlangt, wird hierdurch der Siebboden mit der Frequenz dieses Feldes zu erzwungenen Schwingungen angeregt. Ob die dadurch erzeugten Oberschwingungen ausreichen, um Verstopfungen zu beseitigen, wird in späteren Ausführungen noch eingehend untersucht. Die magnetischen Kraftwirkungen auf para- oder diamagnetische Stoffe oder auf bewegte Ladungen, wie es die Körner darstellen, sind von untergeordneter Bedeutung. Sie steuern zur Beseitigung von Verstopfungen, wie noch bewiesen wird, keinen merkbaren Betrag bei.

Die vorstehend erwähnten Effekte, die neben der Sieberwärmung bei der induktiven Beheizung auftreten können, sollen trotz des dazu notwendigen großen apparativen Aufwandes experimentell überprüft werden, weil man diesen Nebenerscheinungen nach Patentschriften besondere Bedeutung zuschreibt. (Firmenmitteilung der Zeche "Carolus Magnus" Palenberg Bez. Aachen).

Zu diesem Zweck wurde die unveränderte Versuchsanordnung nach Abbildung 16 durch eine Hochfrequenz-Induktionsbeheizung ergänzt, die nach Abbildung 28 aus der Spule a, der Kapazität b und dem Hochfrequenzgenerator c besteht. Dieser Röhrengenerator "Telefunken" Type IGL 5D/3 liefert an den Ausgangsklemmen hochfrequenten Wechselstrom von 430 kHz bei 4800 Volt und Stromstärken zwischen 0,16 und etwa 1,1 Ampère in 8 Stufen. Um dem Generator die volle Leistung entnehmen zu können, ist eine gute Anpassung des Schwingungskreises bestehend aus Arbeitsspule a und Kapazi-

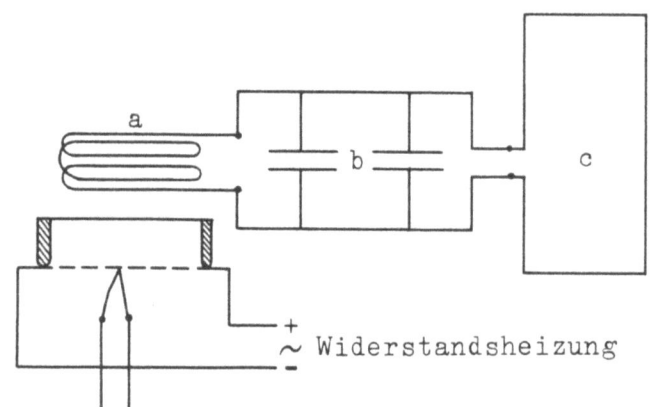

Abbildung 28
Vorrichtung zur induktiven Erwärmung des
Versuchssiebes nach Abbildung 16

tät b notwendig. Die Siebbodentemperatur wird grob mit dem erwähnten Stufenschalter eingestellt, während die Feinregelung durch Ändern des Abstandes zwischen Sieb und Spule durchgeführt wird. Das Siebgut wird über eine Mulde seitlich in das Versuchssieb eingeschoben.

Mit dieser Versuchseinrichtung lassen sich die Wirkungen der Induktions- und Widerstandsheizung unter vollkommen gleichen Bedingungen vergleichen. Um Fehlerquellen auszuschalten, muß die induktive Beheizung noch folgende Forderungen erfüllen:
1. Gleichmäßiges Erwärmen der gesamten Siebfläche.
2. Durch die Wärmeentwicklung in der Spule a darf das Siebgut nicht erwärmt und getrocknet werden.

Die zuerst genannte Notwendigkeit kann man mit einer ebenen Spiralspule nicht erfüllen. Es wird daher eine Anordnung nach Abbildung 29 gewählt, wobei der ungünstige Wirkungsgrad in Bezug auf Erwärmung des Siebes infolge der ausreichenden Generatorleistung keine Rolle spielt. Die gleichmäßige Temperaturverteilung im Siebboden wird mit 6 Thermoelementen überwacht, deren Verwendung

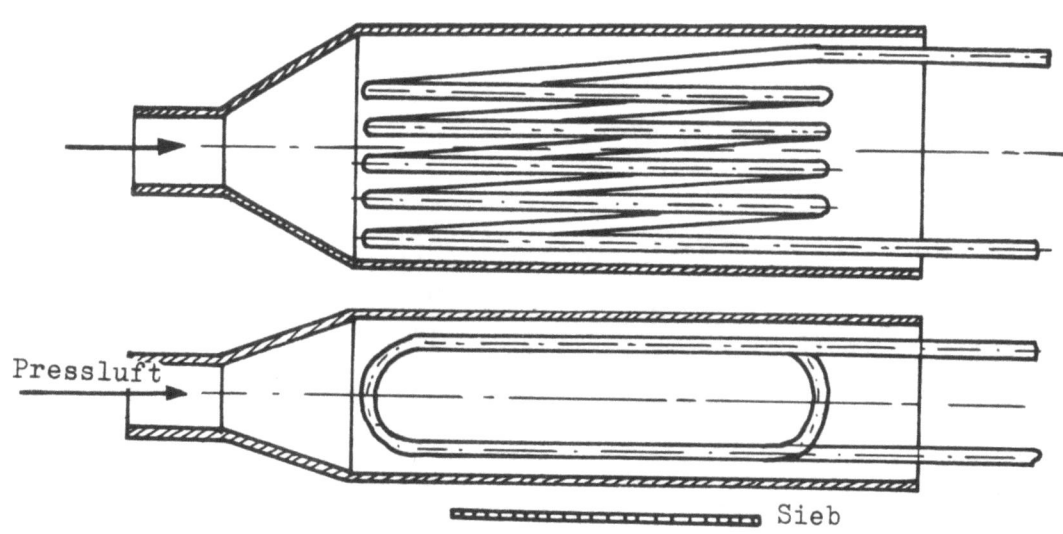

A b b i l d u n g 29
Ausführung der Induktionsspule a

in der vorliegenden Form in Magnetfeldern bis 10^8 Hz ohne weiteres (Fehler $< 1,5$ %) möglich ist (Mitteilung der Fa. Hartmann & Braun, Frankfurt).

Forschungsberichte des Wirtschafts- und Verkehrsministeriums Nordrhein-Westfalen

Um ein Erwärmen des Siebgutes durch die Spule zu verhindern, wird diese nach Abbildung 29 in ein Pertinaxgehäuse eingebaut und mit expandierter Pressluft bei etwa 15 m/sec gekühlt.

Um die genannten Heizungsarten bewerten zu können, bleiben beim Versuch alle Bedingungen vollkommen unverändert, nur die Beheizung wird wechselweise umgeschaltet. So wird genügend Quarz von 0,75 bis 1 mm Korngröße auf w = 2 % Feuchtigkeit eingestellt und auf einem Quadratmaschensieb von 1 mm bei $z \sim 7$ g abgesiebt. Die Siebleistungen sind entsprechend den gewählten Siebtemperaturen in der nachfolgenden Tabelle 4 als Funktion der Beheizungsart angegeben.

<u>Tabelle 4</u>

<u>Siebleistungen bei der Widerstands- und Induktionsheizung
in Abhängigkeit von der Siebtemperatur</u>

Siebboden-temperatur	Siebleistung			
	Widerstandsheizung		Induktionsheizung	
	gemessen pond/5 min	umgerechnet $t/m^2 h$	gemessen pond/5 min	umgerechnet $t/m^2 h$
20°C	35, 34, 37 → 35	0,187	35, 34, 37 → 35	0,187
40°C	60, 58 → 59	0,32	55, 59 → 57	0,30
60°C	73, 67 → 70	0,38	69, 71 → 70	0,38
80°C	80, 81 → 81	0,435	85, 87 → 86	0,46
100°C	90, 89, 91, 93 → 91	0,49	90, 94, 90, 92 → 92	0,50

Die Ergebnisse zeigen eindeutig, daß die Zunahme der Siebleistung durch Temperatursteigerung bei beiden Heizungsarten gleichwertig ist. Wenn die möglichen Zusatzeffekte wie Oberschwingungen und dergleichen bei der vorliegenden induktiven Beheizung von technischer Bedeutung wären, dann müßte die Siebleistung bei dieser Beheizung wegen der genannten Effekte höher liegen, da alle anderen Bedingungen für beide Heizungsarten in den durchgeführten Versuchen vollkommen gleich sind.

Die Kapillarflüssigkeit läßt sich auch durch dielektrische Heizung abtrocknen. Hierbei liegt das zu trocknende Gut zwischen zwei Kondensatorplatten, zwischen denen ein elektrisches Wechselfeld hoher Feldstärke und Frequenz besteht. Durch die dielektrische Polarisation werden die Molekeln gedreht und bewegt, wodurch Reibungswärme entsteht.

e) Beseitigung von Verstopfungen durch Vergrößerung der Amplitude

Es ist schon erwähnt worden, daß das verstopfende Korn dann abgeworfen wird, wenn die am Korn angreifenden Kräfte größer als die Kapillarkräfte sind (Abb. 20). Man kann somit den Verstopfungsgrad außer durch Trocknung noch dadurch herabsetzen, indem man diese Kräfte, wie Stoß- und Trägheitskräfte, vergrößert. Da die Eigenschwingungszahl der Verstopfungen weit unterhalb der üblichen Siebdrehzahlen liegt, wird sich nach Gleichung (35) eine Vergrößerung der Amplitude weit stärker auswirken als eine Steigerung der Drehzahl. Erreicht die Amplitude z.B. den Wert β_o nach Abbildung 21 nicht, dann kann man die Siebdrehzahl steigern, ohne daß dadurch Verstopfungen abgeworfen werden. Diese Tatsachen sind in dem vom Verfasser nach Abschluß dieser Arbeit hergestellten Forschungsfilm "Verhalten körniger Stoffe auf Wurfsieben" bildlich festgehalten.

Aus genannten Gründen ist die Siebleistung durch Vergrößern der Amplitude gesteigert worden. Die entsprechenden Ergebnisse sind in Diagramm Nr. 1 bis 3 angegeben. Im Gegensatz zur elektrischen Siebbodenbeheizung, deren Wirkungen sich im wesentlichen auf Vorgänge in den Siebmaschen beschränken, beeinflußt eine Vergrößerung der Siebbodenamplitude in sehr starkem Maße auch den Vorgang auf dem Sieb. Um das quantitative Verhalten von Verstopfungen in Abhängigkeit von der Siebamplitude aus der Änderung der Siebleistung herleiten zu können, muß der Einfluß der veränderten Bewegungsvorgänge auf dem Sieb eliminiert werden. Das ist auf folgende Weise möglich:

Läßt sich die Siebleistung z.B. bei $z = 6$; 12 oder 18 durch elektrische Siebbodenbeheizung vergrößern, dann doch offenbar nur dadurch, weil Verstopfungen beseitigt werden. Wird die Temperatur bei z = constant nun soweit gesteigert, bis keine Leistungszunahme mehr zu verzeichnen ist (alle Verstopfungen sind beseitigt), dann ist die Änderung der

Forschungsberichte des Wirtschafts- und Verkehrsministeriums Nordrhein-Westfalen

Siebleistung zwischen beheiztem und nicht beheiztem Sieb ein Maß für den Verstopfungsgrad. Auf diese Weise kann man mit Gleichung (33) den bei jeder Siebbeschleunigung auftretenden Verstopfungszustand ermitteln. Die entsprechenden Ergebnisse sind in Diagramm Nr. 5 angegeben. Dabei ergibt sich, daß die freie Siebfläche nicht linear sondern schwach parabolisch mit der Beschleunigung zunimmt. Diese Erscheinung ist ohne weiteres verständlich, weil die Haftkräfte der Kapillarlamellen mit wachsender Auslenkung des Kornes abnehmen.

Inwieweit der Umwälzvorgang auf dem Sieb die Leistungsänderung bestimmt, folgt aus einem Vergleich der Ergebnisse nach Diagramm Nr. 1 mit den Werten nach Diagramm Nr. 5. Bei einer Vergrößerung der Beschleunigung von $z = 6$ auf $z = 18$ wird nach Diagramm Nr. 5 die freie Siebfläche um nahezu das Doppelte, nämlich von 34 auf 63 % erhöht, während die Siebleistung um das 4,8 fache verbessert wird. Diese Erscheinungen auf dem Sieb werden später eingehend behandelt.

f) Abwurf von Verstopfungen durch Oberschwingungen

Es wird später noch gezeigt, daß die günstigsten Wurfbedingungen bei feuchtem Gut nur dann zu erzielen sind, wenn die Siebbodenbeschleunigung eine genügende Zeitdauer auf das Siebgut einwirkt. Damit sind Siebamplitude und -Drehzahl festgelegt. Von diesem Zustand ausgehend wird durch eine weitere Steigerung der Drehzahl die geforderte Zeitdauer unterschritten, so daß die Wurfhöhe abnimmt. Genannte Tatsache kann man dadurch zum Beseitigen von Siebverstopfungen ausnutzen, indem der Grundschwingung des Siebbodens eine Oberschwingung aufgedrückt wird, deren Frequenz genügend hoch liegt, um die Wurfverhältnisse nicht merklich zu beeinflussen, die Amplituden aber noch ausreichen, um Verstopfungen abzuwerfen. Dieses Verfahren zur Beseitigung von Siebverstopfungen läßt sich mit der Versuchsanlage derart durchführen, indem der dem Erreger zugeführte Netzstrom von 50 Hz durch einen Mittel- oder Hochfrequenzstrom überlagert wird. Diese überlagerten Ströme bewirken Siebschwingungen, deren Weg-, Geschwindigkeits- und Beschleunigungswerte in den Abbildungen 30 bis 35 dargestellt sind. Hierzu sei noch bemerkt, daß die Grundschwingung von 50 Hz den Weg des Siebbodenschwerpunktes angibt, während die dem Siebrahmen aufgedrückte Oberschwingung von 400 Hz die Grundschwingung (ein Schwingungsbauch) des Siebbodens um diesen Schwerpunkt in Resonanz anregt.

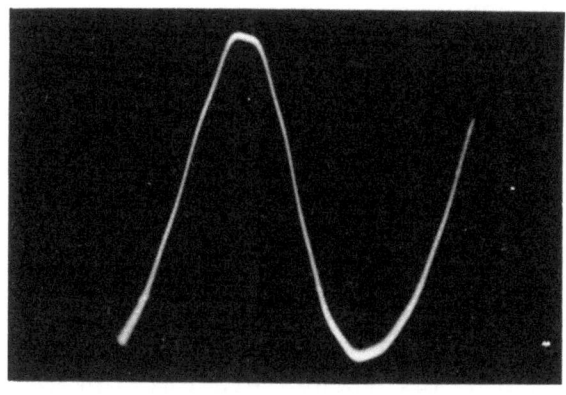

Abbildung 30
Weg-Zeit-Bild der Grundschwingung
a des leeren Siebes $z = 6$ g; $x_o = 0,06$ cm; $\nu = 50$ Hz

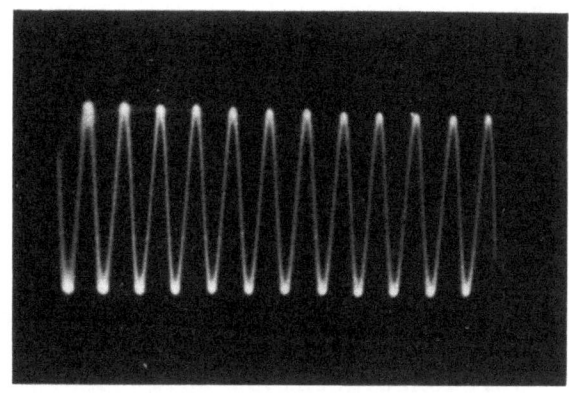

Abbildung 31
Weg-Zeit-Bild der Oberschwingung
b des leeren Siebes $z \sim 100$ g; $x_o \sim 0,016$ cm; $\nu = 400$ Hz

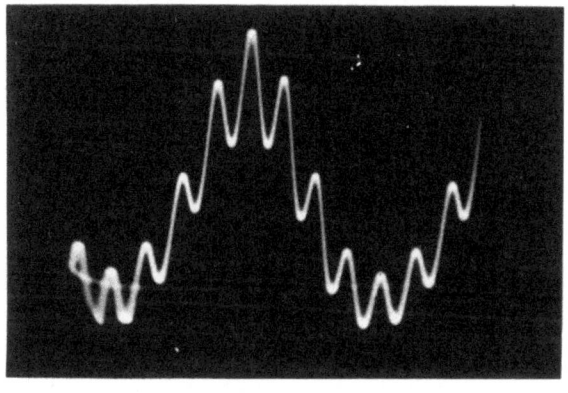

Abbildung 32
Weg-Zeit-Bild der Überlagerung von a und b bei leerem Sieb

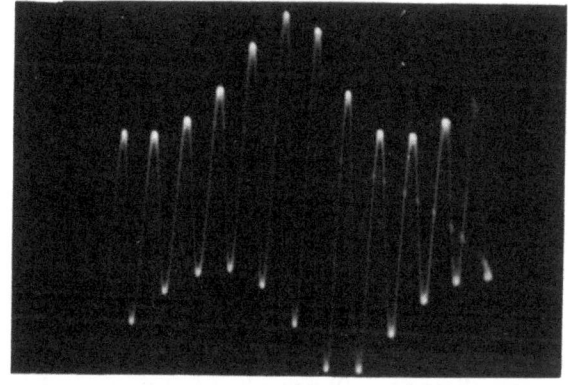

Abbildung 33
Geschwindigkeits-Zeit-Bild der Überlagerung von a u. b bei leerem Sieb

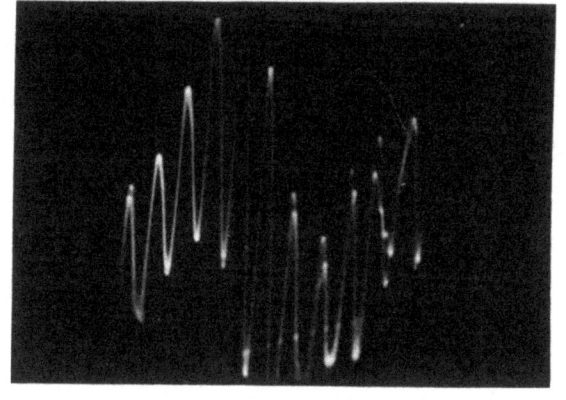

Abbildung 34
Geschwindigkeits-Zeit-Bild der Überlagerung von a u. b bei belastetem Sieb

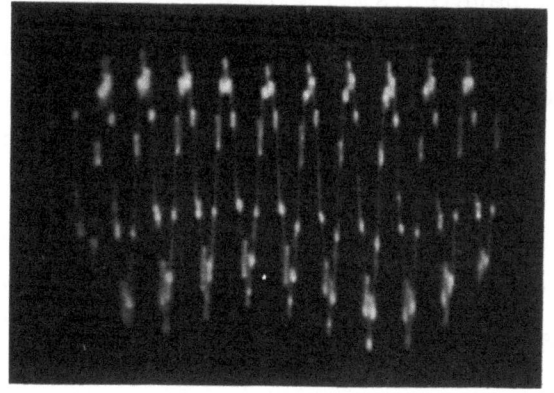

Abbildung 35
Beschleunigungs-Zeit-Bild der Überlagerung von a u. b bei belastetem Sieb

Forschungsberichte des Wirtschafts- und Verkehrsministeriums Nordrhein-Westfalen

Diese Schwingung soll im weiteren als Oberschwingung bezeichnet werden. Das Weg-Zeit-Bild ist somit eine Überlagerung der Schwingung des Schwerpunktes mit der des Siebes, gemessen in der Mitte des Schwingungsbauches.

Bei dem durchgeführten Versuch beträgt die gewählte Oberschwingung 400 Hz, weil diese Frequenz schon genügend hoch liegt und auch mit der Eigenschwingungszahl des Siebes übereinstimmt, wodurch sich mit geringem Energieaufwand die notwendigen Amplituden erreichen lassen.

Die Versuchsergebnisse zeigt das Diagramm Nr. 14, woraus ersichtlich ist, daß Siebverstopfungen durch genanntes Verfahren mit Sicherheit verhindert werden können. Die Leistung liegt sogar höher als die des auf 110°C beheizten Siebes, woraus folgt, daß auch noch Wirkungen auf die Anziehungskräfte im Siebgut ausgeübt werden. Vorgelegte Kurve stellt noch nicht das Maximum erreichbarer Leistungssteigerungen dar. Bei einigen anderen Versuchen wurde z.B. Holz als Dämpfungsmittel auf das Siebgut gelegt, wodurch eine weitere Zunahme der Siebleistung auftrat.

Da die Eigenschwingungszahl ω_E der Verstopfung im allgemeinen wesentlich unterhalb der Siebfrequenz liegt, ist nach Gleichung (35) vor allem die richtige Wahl der Oberschwingungsamplituden entscheidend, die in starkem Maße von dem Wassergehalt des Siebgutes abhängen. Die jedem Siebboden eigenen Oberschwingungen, die im wesentlichen das periodisch aufprallende Siebgut erregt, reichen bestenfalls nur bei trockenem oder wenig feuchtem Gut zur Beseitigung von Verstopfungen aus.

Zum Beweis ist die Siebleistung als Funktion der Amplitude und damit auch der Beschleunigung der Oberschwingungen gemessen worden (Diagramm Nr. 15). Die Leistungskurven zeigen eindeutig, daß die notwendigen Amplituden der in diesem Fall aufgedrückten Oberschwingung der Feuchtigkeit des Aufgabegutes wie behauptet, anzupassen sind. Der Wert der Beschleunigung ist von nicht so entscheidender Bedeutung, denn z.B. bei w = 2,5 % und z = 50 g ist die Leistungszunahme noch recht gering, obwohl diese Beschleunigung schon ausreichen müßte, um die verstopfenden Körner abzuwerfen.

Würde der zur Erklärung des Schwingungsverhaltens von Verstopfungen angenommene ideale Fall nach Abbildung 19 vorliegen, dann müßte die Siebleistung beim Überschreiten der Gesamtamplitude (aus Grund- und Oberschwingung), die dem Wert β_0 nach Abbildung 21 entspricht, sprunghaft auf einen höheren Wert steigen. Da aber auch die Haftkräfte der Verstop-

Seite 58

fungen bzw. deren optimale Auslenkung um eine mittlere Größe schwanken und weil auch noch Stoßvorgänge zwischen verstopfendem Korn und aufprallendem Siebgut auftreten, ist eine stetige Änderung der Siebleistung zu erwarten. Diese wird besonders dann groß sein, wenn die dem Wert β_0 entsprechende Amplitude überschritten wird, wie es auch die Meßergebnisse zeigen.

Zur Beurteilung der Ergebnisse muß noch der Energieaufwand, der zur Erregung des genannten Schwingungszustandes notwendig ist, angegeben werden. In Tabelle 5 sind die für die genannten Beschleunigungsziffern notwendigen Erregerströme bei Netzfrequenz dargestellt. Für den überlagerten Schwingungszustand (Grundschwingung $z = 6\ g$) mit $z \sim 100\ g$ wurden dem Erreger Ströme von insgesamt 0,6 Amp. zugeführt.

T a b e l l e 5

Notwendige Erregerströme zur Erzeugung bestimmter Siebbeschleunigungen.

Frequenz = 50 Hz

z	I (Amp.)
6 g	0,47
12 g	0,85
18 g	1,3

In welcher Art man die soeben beschriebenen Oberschwingungen praktisch erzeugt, hängt von dem konstruktiven Aufwand ab. Vermutlich sind die nicht über dem Siebrahmen, sondern durch magnetische Feldwirkungen nach Art der Zupfsiebe (Hummer-Screen) erzeugten Oberschwingungen wirtschaftlicher.

Nach vorstehenden Ausführungen ist es ohne weitere Erklärungen verständlich, daß die Oberschwingungen von 430 kHz bei der im Versuch gewählten Induktionsheizung, die zwar eine hohe Beschleunigung, aber eine sehr kleine Amplitude besitzen, keinen merkbaren Einfluß auf die Siebleistung ausüben.

g) Einfluß elektrischer Kraftfelder bei Siebverstopfungen

Nach den Ausführungen auf Seite 23 besteht die Möglichkeit, das zwickelkapillare Wasser an den verstopften Stellen durch elektrische Felder zu verschieben. Dabei müßte die Flüssigkeit möglichst senkrecht zur Siebfläche nach unten bewegt werden.

Dies ist mit dem elektrischen Feld, das bei der Widerstandsheizung vorhanden ist, nicht möglich, da ein Potentialgefälle nur in Richtung des Stromflusses besteht.

Ein Versuch zur Bestätigung:
Zwei in den Abmessungen vollkommen gleiche Siebe, das eine mit Siebdrähten aus Widerstandsmaterial, das andere mit solchen aus Kupfer werden mit Wechselstrom von 0 - 48 Amp. belastet. Eine Zunahme der Siebleistung tritt nur bei gleichzeitiger Temperatursteigerung, nicht aber beim Kupfersieb auf, das sich wegen des geringen Widerstandes nicht erwärmt. Aber auch bei einem Potentialgefälle senkrecht zur Siebbebene, dadurch hergestellt, indem ein an 380 Volt angeschlossenes Gitter einmal 1 cm über und bei weiteren Versuchen im gleichen Abstand unter dem Sieb angebracht wird, decken sich die Siebleistungswerte mit denen des normalen Siebes (t = 20°C, z = 6 g). Vermutlich ist ein elektrisches Wechselfeld mit einer Feldstärke von 338 Volt/cm bei 50 Hz

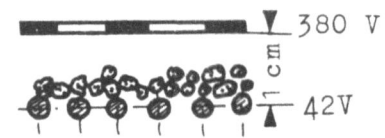

Abbildung 36
Vorrichtung zum Herstellen eines Potentialgefälles senkrecht zur Siebebene

nicht ausreichend, um genügende Flüssigkeitsverschiebungen zu bewirken. Auch entsprechende Versuche mit Gleichstrom, bei denen das Sieb mit 220 bzw. 110 Volt, das darüber bzw. darunter angebrachte Gitter so mit 110 bzw. 220 Volt gespeist wurde, daß jeweils eine Feldstärke von 110 Volt/cm in den vier möglichen Kombinationen vorhanden war, ergab keinen meßbaren Effekt in der Leistung, auch nicht bei Zusatz von Elektrolyten.

Hierfür sind im wesentlichen folgende Gründe entscheidend:
1. Die elektrischen Kraftwirkungen reichen nicht aus, um die siebbaren Korngrößen zu erzwungenen Schwingungen ausreichender Amplitude anzuregen. Das gilt auch für sehr feine Partikel (Staub), da diese infolge Feuchtigkeit zusammenballen.

2. Die relative Beweglichkeit der Körner ist bei feuchten Haufwerken wesentlich mehr eingeschränkt als in Suspensionen.[17]

3. Die festen Teilchen sind nur teilweise in Flüssigkeit eingebettet, wodurch eine Flüssigkeitsverschiebung erschwert wird.

Vorstehende Tatsachen bedingen, daß die im Vergleich zu den Kapillarwirkungen ohnehin nicht sehr starken elektrophoretischen bzw. elektroosmotischen Erscheinungen noch mehr in den Hintergrund treten.

Um die elektrischen Kraftwirkungen nach Seite 23 auch in den Bereich der hier vorliegenden Korngrößen wirksam zu machen, sind, wie schon vermutet, wesentlich größere Feldstärken notwendig, die aber aus Sicherheitsgründen betrieblich große Schwierigkeiten bereiten und wegen der Überschlagsmöglichkeiten je nach Art der Feuchtigkeit vielleicht auch gar nicht zu erzielen sind.

h) Änderung des Randwinkels Wasser-Sieb

Eine weitere Möglichkeit, den Verstopfungsgrad herabzusetzen, ist durch Vergrößern des Randwinkels ϑ zwischen Siebmasche und kapillarer Flüssigkeit (Gleichung 19) möglich. In einer Siebmasche werden die Haftkräfte dann Null, wenn ein Randwinkel $\vartheta \sim 90°C$ vorliegt (Abb. 6). Für $\vartheta > 90°C$ treten abstoßende Kräfte zwischen Korn und Siebmaschen auf. Verstopfungen im Sieb infolge Flüssigkeit lassen sich also wirksam dadurch vermeiden, daß ein Siebmaterial gewählt wird, das auf Grund seiner Eigenschaften oder durch entsprechende Behandlung der Oberfläche mit der Kapillarflüssigkeit einen Randwinkel von möglichst $\vartheta > 90°C$ ausbildet. Die Verwendung von Flüssigkeit, die auf das Sieb aufgetragen wird, hat keinen dauerhaften Erfolg, weil die Grenzschicht schnell abgerieben wird. Man muß also nach verschleißfesten Überzügen, Oberflächenveränderungen oder Siebmaterialien (z.B. Nylon, Perlon, Dacron usw.) mit der geforderten Eigenschaft suchen. Dies ist aber nicht Aufgabe der vorgelegten Arbeit, so daß nur der prinzipielle Beweis für die Richtigkeit der genannten Methode zu erbringen ist.

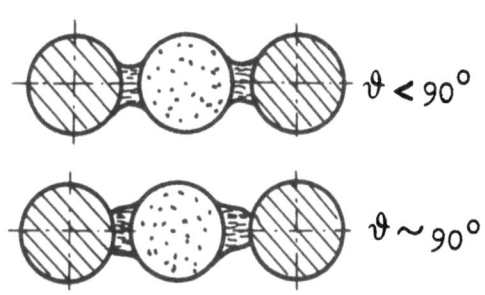

Abbildung 37
Änderung des Randwinkels kapillare Flüssigkeit: Sieb

Zu diesem Zweck wurden die Leistungen eines hartverchromten und eines mit einem Siliconharz überzogenen Siebes gemessen. Die entsprechenden Ergebnisse sind im Diagramm Nr. 12 angegeben. Das verchromte Sieb hat etwa die Leistung, wie sie durch ein Erwärmen des Siebes auf $40°C$

erreicht wird, während der stärker wasserabstoßende Siliconüberzug die gleiche Wirkung hat wie ein auf 100°C erwärmtes Sieb.

i) Die Naßsiebung

Ist während des Siebvorganges soviel Flüssigkeit vorhanden, daß sowohl im Haufwerk als auch in den Siebmaschen überschüssiges Wasser vorhanden ist, dann können keine Kapillarkräfte auftreten. Nach dieser Methode ist es möglich, Haufwerke so niedriger Korngröße abzusieben, die selbst trocken nicht mehr trennbar sind (Abnahme der Reibungskräfte). Diese Maßnahme kann aber nur dann angewendet werden, wenn der abzusiebende Stoff entsprechende Wassermengen verträgt und später ohnehin einer Naßbehandlung unterworfen wird. Gleichzeitig lassen sich dabei unerwünschte Bestandteile entfernen, wenn diese löslich sind.

j) Einfluß der Siebbodenart auf Verstopfungen

Wie schon kurz angedeutet, ist auch die Form der Siebmaschen für die Verstopfungen von Bedeutung, und zwar ist die Berührungsart zwischen Sieb und Siebgut entscheidend. Bei einem Langmaschensieb -für den Versuch bestehend aus parallel gespannten Konstantandrähten von 0,5 mm ⌀ und 1 mm Abstand- treten im Vergleich zum Quadratmaschensieb statt vier nur zwei Berührungsflächen auf. Da ferner die freie Siebfläche 67 % gegenüber 44,5 % beträgt, ist beim Langmaschensieb etwa die dreifache Leistung zu erwarten. Nach den Versuchsergebnissen (Diagramm Nr. 13) wird aber das vier- bis achtfache je nach Feuchtigkeit des Aufgabegutes erreicht. Die Ursachen hierfür sind auf folgende Erscheinungen zurückzuführen:
1) Das Siebgut mit einem Korngrößenbereich von 1,0 bis 0,75 mm hat einen sehr großen Anteil an siebschwierigem Korn, das besonders leicht zu Verstopfungen neigt. Dadurch, daß die Drähte beim Langmaschensieb seitlich ausweichen können, wird genannte Möglichkeit stark herabgesetzt. Auch senkrechte Oberschwingungen mit verschiedener Phasenlage in den einzelnen Drähten steuern durch die Relativbewegungen einen Anteil zur Beseitigung von Verstopfungen bei.
2) Bei einer bestimmten Siebbodenart nimmt die Leistung linear mit der freien Siebfläche ab, eine Tatsache, die beim Vergleich zwischen verschiedenen Siebbodenarten nicht mehr gilt. Beim Quadratmaschensieb haben von einem gleichkörnigen Kugelhaufwerk (d = M) nur diejenigen Kugeln

eine Chance, durch das Sieb zu gelangen, deren Wurfbahnen durch die Maschenmittelpunkte gehen. Beim Langmaschensieb sind die Möglichkeiten bei gleicher Maschenweite und Drahtstärke größer, weil die weniger strenge Bedingung besteht, daß die Wurfbahn durch die Maschenmittellinie verlaufen muß. Die absolute Wahrscheinlichkeit, mit der eine Kugel durch eine Masche gelangen kann, ist durch den Ausdruck

$$w' = \frac{a}{n'} \quad (41)$$

gegeben. Hierbei gibt der Wert a die Zahl derjenigen Wurfbahnen an, auf denen die Kugel mit Sicherheit durch die Masche fällt, während n' die Gesamtzahl der Wurfbahnen im Bereich der betrachteten Flächeneinheit beschreibt.

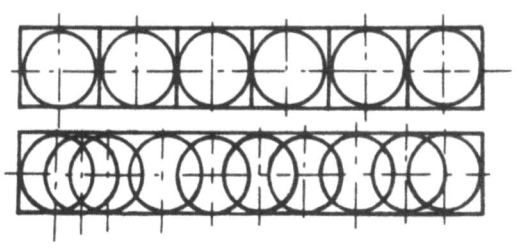

Abbildung 38
Absiebchancen beim Quadrat- und Langmaschensieb

Bezeichnungen: w'_Q = Absolute Wahrscheinlichkeit beim Quadratmaschensieb, entsprechend auch a_Q; n'_Q

w'_L = Absolute Wahrscheinlichkeit beim Langmaschensieb; entsprechend auch a_L; n'_L

M = Maschenweite (mm)

l = Länge einer Langmasche (mm)

c = l/M

Bei einem gleichkörnigen Gut kann man voraussetzen, daß die Wurfbahnen jeden Punkt der Siebfläche unabhängig von der Siebbodenart gleich oft erfassen. Es gilt also $n_Q \sim n_L$. Damit wird

$$\frac{w'_L}{w'_Q} = \frac{a_L}{a_Q} \quad (42)$$

Der Wert a_Q ist für eine Anzahl von c Quadratmaschen und eine Korngröße d durch die um die entsprechenden Maschenmittelpunkte gelegenen Flächen $c(M-d)^2$ gegeben. Analog dazu wird

$$a_L = (c-1)(M-d)d + c(M-d)^2$$

$$\frac{w'_L}{w'_Q} = \frac{(c-1)(M-d)d + c(M-d)^2}{c(M-d)^2} = \frac{c-1}{c} \cdot \frac{d}{M-d} + 1 \quad (43)$$

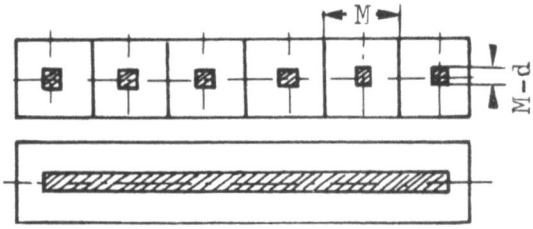

Abbildung 39
Vergleich der Absiebchancen zwischen Quadrat- und Langmaschensieb

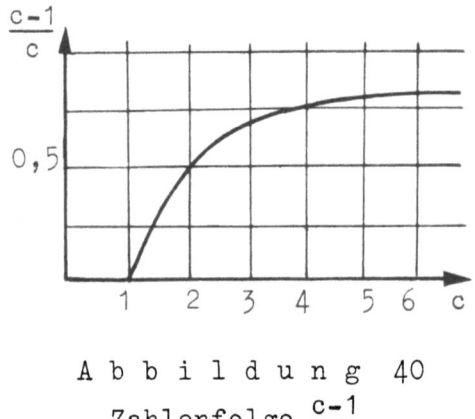

Abbildung 40
Zahlenfolge $\frac{c-1}{c}$

Die Siebleistung eines Langmaschensiebes steigt also mit dem Verhältnis $c = 1/M$. Da jedoch die Zahlenfolge $\frac{c-1}{c}$ schnell gegen den Wert 1 konvergiert, hat es wenig Zweck, die Maschenlänge um mehr als etwa das fünffache der Maschenweite auszuführen. Von sehr starkem Einfluß ist das Verhältnis d/M. Je mehr die Korngröße sich der Maschenweite nähert, umso überlegener wird das Langmaschensieb. Mit Gleichung (43) läßt sich nun die unerwartet hohe Leistung des im Versuch verwendeten Langmaschensiebes erklären. Mit $d \sim 0,88$ (mm) $M = 1$, $c = 54$ wird $w'_L/w'_Q \sim 8,3$, ein Ergebnis, das mit den gemessenen Siebleistungen bei trockenem Gut sehr gut übereinstimmt, $L_L/L_Q = 23,6/2,8 = 8,4$. (Siehe Diagramm Nr. 1 und Diagramm Nr.

Bei einer vollkommen strengen Lösung des Problems darf der Wert a nicht als konstant betrachtet werden, weil auch die auf dem Siebdraht auftreffenden Körner je nach Kornform und Stoßvorgang eine gewisse Aussicht haben, durch die Masche zu gelangen. Ebenso liegt immer eine Korngrößenverteilung vor, die sich sehr oft durch eine Funktion (RRS-Formel) genügend genau darstellen läßt. Die Verfolgung dieser Vorgänge erfaßt aber das Trockensieben, so daß darauf verzichtet werden muß.

Nach vorstehenden Ausführungen hat ein Quadratmaschensieb bei der Absiebung feuchter Haufwerke nur dann eine Berechtigung, wenn eine scharfe Kornscheide besonders bei faserigem, stengligem und splittrigen Aufgabegut verlangt wird.

k) Entfernen von Siebverstopfungen durch mechanische Vorrichtungen

Der Vollständigkeit halber sollen noch diejenigen Vorrichtungen und Maßnahmen erwähnt werden, die Siebverstopfungen rein mechanisch beseitigen.

Forschungsberichte des Wirtschafts- und Verkehrsministeriums Nordrhein-Westfalen

Man kann hier eine Einteilung in zwei Gruppen vornehmen:
1) Vorrichtungen, die die Verstopfungen herausschlagen oder -drücken.
2) Maßnahmen, bei denen Reibungskräfte die Verstopfungen beseitigen.

Zur ersten Gruppe gehören die meist automatisch angetriebenen Bürsten, die die Verstopfungen von der Siebunterseite her beseitigen. Man findet derartige Bürsten sehr häufig bei den Siebmaschinen zur Klassierung von Getreide und Mehl. In der USA und England wird seit langem das Rotex-Sieb der Orville-Simpson Co., Cincinnati, Ohio, zum Sieben leicht verstopfender Siebgüter, und das sind entweder feuchte oder sehr feinkörnige Haufwerke, eingesetzt. Unterhalb des klassierenden Siebbodens ist noch ein sehr weitmaschigeres Sieb angebracht. Dazwischen befinden sich in einzelnen Kammern Stahlkugeln, die infolge der Schwingsiebbewegungen zwischen den genannten Böden mit der Siebfrequenz hin und her geworfen werden. Dadurch werden nicht nur die Verstopfungen herausgeschlagen, sondern es wird noch zusätzlich die Siebbodenamplitude vergrößert. Gegenüber Klopfvorrichtungen haben diese Kugeln (Ball-cleaners) den Vorteil, das sie die gesamte Siebfläche erfassen.

Zur Gruppe 2 gehören z.B. die Stangen- und Rollenroste, die man zur Klassierung von Braunkohle viel verwendet. Die die Siebspalte bildenden Stangen und Rollen führen Relativbewegungen zueinander aus. Die hierdurch mögliche Reibung zwischen Siebmasche und den verstopfenden Körnern bewirkt deren Beseitigung. Eine neuere Konstruktion mit der gleichen Wirkungsweise ist das Duo-Sieb, beschrieben in den Herrmann-Mitteilungen Nr. 11, 1952, Seite 38. Der Siebboden besteht aus Teilsiebböden, die spezielle und schnelle Relativbewegungen zueinander ausführen.

Im einzelnen können und brauchen wir auf die mechanischen Siebreinigungen nicht weiter eingehen, da deren Wirkungsweise einfach ist und auch die Vor- und Nachteile bekannt sind.

4. Vorgänge auf dem Sieb

Die bisherigen Ausführungen beschränken sich auf Vorgänge *in* den Siebmaschen. Es ist nun zu untersuchen, auf welche Art und unter welchen Bedingungen das Feinkorn nach hier gelangt.

Um den Siebvorgang durchzuführen, müssen Kraftwirkungen aufgebracht werden, die das Siebgut entsprechend der Maschenweite in Grob- und

Feinkorn trennen. Beim Schwingsieb verursachen die dem Siebgut erteilten Wurfbewegungen Stoß- und Trägheitskräfte. Diese greifen an den einzelnen Körnern an und sind bestrebt, das Feinkorn aus dem Siebgut heraus und durch die Maschen zu fördern. Diesem Bestreben wirken die kapillaren Haftkräfte entgegen. Je nach dem Verhältnis zwischen den Stoß- und Trägheitskräften, die im weiteren als Siebkräfte P bezeichnet werden, und den Haftkräften wird die Siebung mehr oder weniger erschwert oder sogar verhindert. Diese Zusammenhänge sollen zunächst unter der Voraussetzung dis-

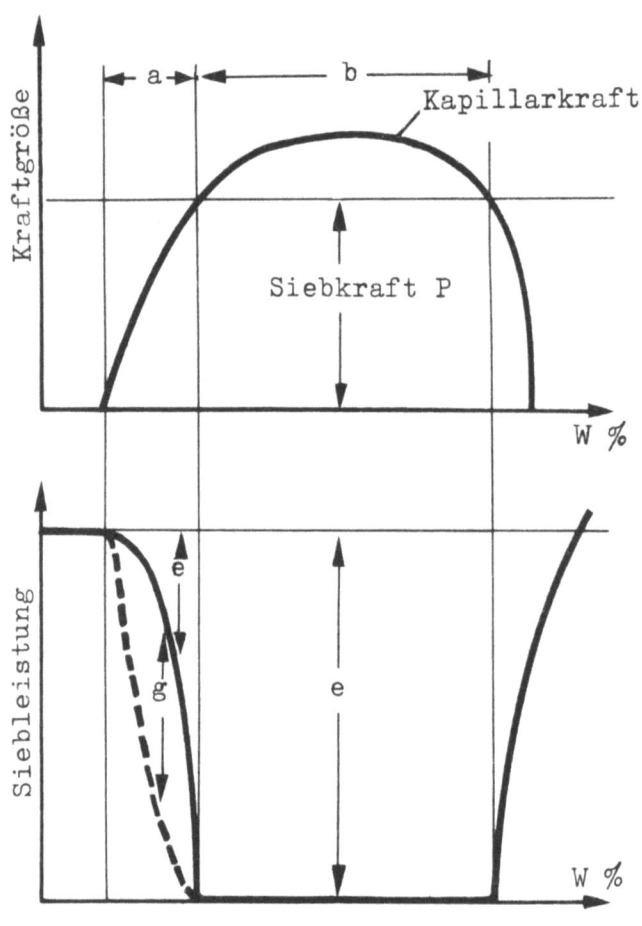

A b b i l d u n g 41

Zusammenhang zwischen den Kapillarkräften und der Siebleistung mit der Annahme, daß die Haftkräfte im Siebgut überall gleich groß sind

kutiert werden, daß die Haftkräfte an allen Berührungsstellen im Kornverband gleich und die Siebkräfte unabhängig von der Feuchtigkeit sind. Nach Abbildung 41 überwiegen im Bereich a die Siebkräfte, im Gebiet b die Kapillarkräfte.

Eine volle Siebschwingung beim Trockensieben

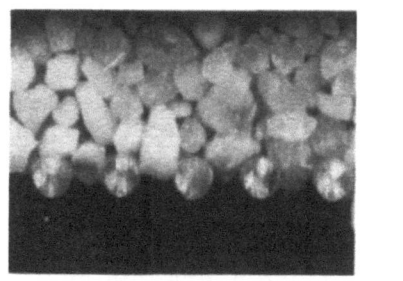 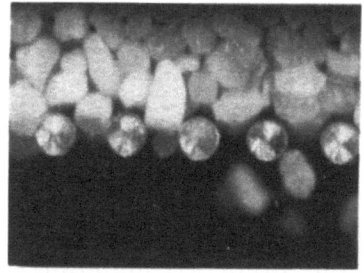 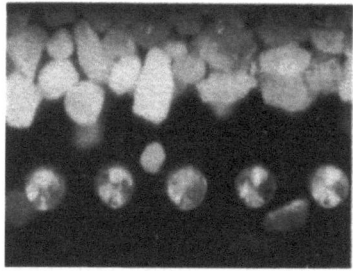

       1   2   3

Schon beim Abheben des Siebgutes, Bild 2, fällt Feinkorn durch wahrscheinlich weil sich das Haufwerk auflockert.

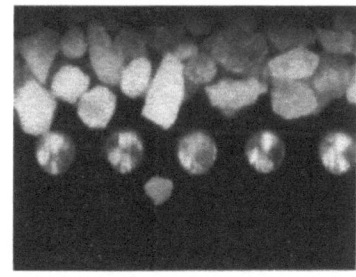 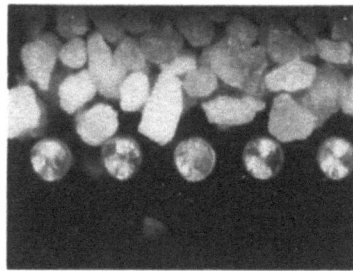 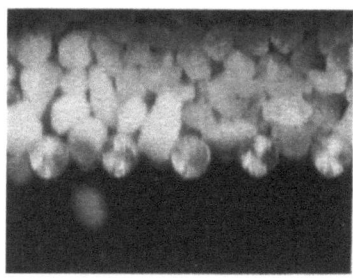

       4   5   6

Das Feinkorn fließt also nicht nur beim Zusammentreffen von Siebgut und Siebbodens durch die Maschen, eine für die statistische Erfassung des Siebvorganges oft wesentliche Tatsache.

Eine volle Siebschwingung beim Feuchtsieben, Bereich a in Abbildung 41

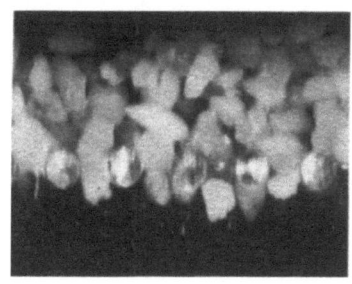  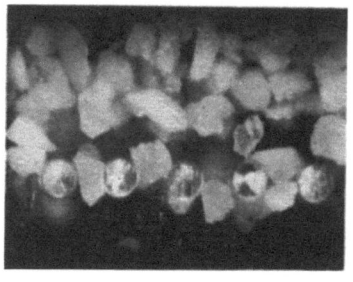

       7   8   9

Die Lagerungsdichte des Siebgutes ist in diesem Feuchtigkeitsbereich wesentlich geringer als bei trockenem Gut, weil die kapillaren Haftkräfte eine Brückenbildung der Körner unterstützen

A b b i l d u n g 41a

Forschungsberichte des Wirtschafts- und Verkehrsministeriums Nordrhein-Westfalen

 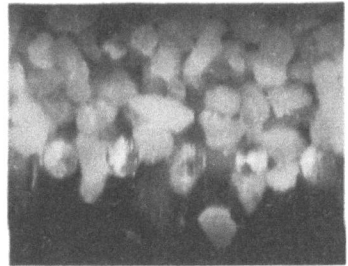 

      10   11   12

Das Sieben, das hauptsächlich durch Siebbodenverstopfungen erschwert wird, geschieht hier im wesentlichen beim Aufprallen des Siebgutes.

Eine volle Siebschwingung beim Feuchtsieben, Bereich b in Abbildung 41

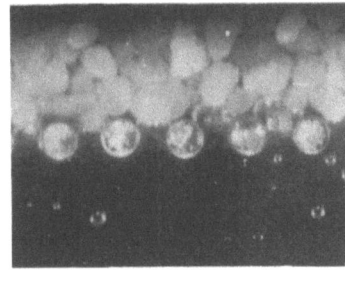 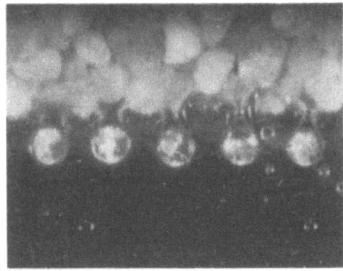 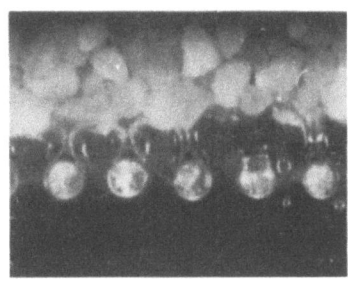

      13   14   15

Das Siebgut ballt infolge der kapillaren Haftkräfte völlig zusammen, so daß weder gesiebt noch das Siebgut nennenswert umgewälzt wird. Weiter erschweren die Haftkräfte das Abheben des Siebgutes vom Siebboden.

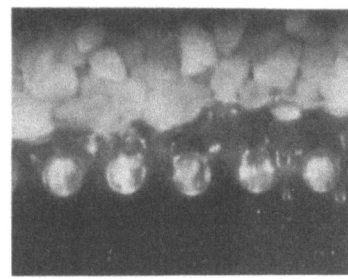 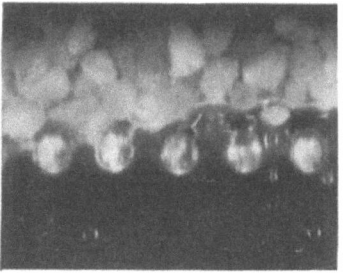 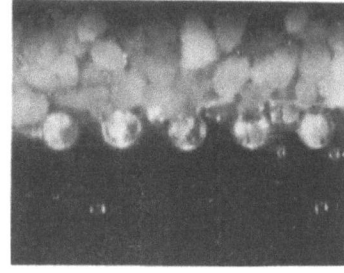

      16   17   18

Die Wurfhöhe ist also wesentlich kleiner als bei trockenem Gut. Man vergleiche Bild 3 mit Bild 15.

Abbildung 41a

Vorgänge in einer vollen Siebschwingung beim Trocken- und Feuchtsieben

Siebgut Quarz, Körnung 0,75 bis 1 mm, Siebspalten 1 mm, Siebfrequenz 50 Hz, zeitlicher Abstand der Bilder $1/300$ sec. Die ersten Bilder jeder Gruppe zeigen nicht die Nullage des Siebbodens. Zum Beurteilen der Bildgüte sei darauf hingewiesen, daß 1200 Bilder je Sekunde bei vergrößerter Abbildung aufgenommen wurden

Vorgänge im Bereich a

Durch die kapillaren Haftkräfte wird die Abgabe von Feinkorn erschwert. Die Folge ist eine Abnahme der Siebleistung um den Wert e. Des weiteren treten Verstopfungen auf, die die Leistung um das Maß g herabsetzen. Dieser Wert g läßt sich, wie schon mehrfach durchgeführt, durch eine Beseitigung von Verstopfungen mittels elektrischer Beheizung bestimmen und ist quantitativ durch den Verstopfungsgrad f_v festgelegt, der beispielsweise im Diagramm Nr. 5 bis $w \sim 5\%$ angegeben ist. Werden die dortigen Kurven in Richtung zunehmender Feuchtigkeit weiter verfolgt, dann ergibt sich z.B. für das 1 mm Sieb und z = 6 g, daß der Wert f_v für $w \sim 6 - 8\%$ am größten ist und dann wieder kleiner wird. Diese Abnahme ist darauf zurückzuführen, daß die Anzahl der dem Sieb zugeführten Feinkörner abnimmt und daß sich die Verstopfungen bei jedem Abheben des Siebgutes vom Sieb infolge der Haftkräfte auflockern. Bei $w \sim 12\%$ ist der Verstopfungsgrad Null, weil überhaupt kein Feinkorn mehr abgegeben wird, es liegen bereits die für den Bereich b gültigen Verhältnisse vor.

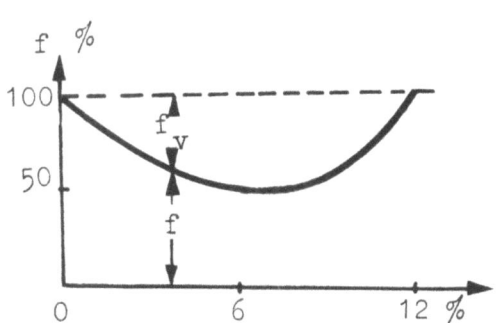

Abbildung 42
Verstopfungsgrad f_v in Abhängigkeit vom Wassergehalt des Siebgutes

Vorgänge im Bereich b

In diesem Bereich sind die Kapillarkräfte größer als die Siebkräfte, damit ist eine Siebung unmöglich geworden. Verstopfungen treten nicht mehr auf, weil überhaupt kein Feinkorn mehr abgegeben wird und zufällig in das Sieb geratene Körner beim nächsten Zusammentreffen mit dem Siebgut nach oben herausgerissen werden. Daß das Sieb unverstopft ist, folgt auch aus der Tatsache, daß eine Leistungssteigerung durch Siebbodenbeheizung nicht möglich ist, außer wenn die Temperatur so hoch gewählt wird, daß der Trocknungsvorgang auch auf das Siebgut übergreift.

Diese in den Bereichen a und b von Abbildung 41 auftretenden Vorgänge sind in dem vom Verfasser hergestellten und schon erwähnten Film festgehalten (Abb. 41a).

Zusammenfassend ist festzustellen, daß die Siebschwierigkeiten oder die Unterbindung des Siebens nach Abbildung 41 in erster Linie durch die zwickelkapillaren Haftkräfte im Siebgut verursacht werden (Anteil e).

Forschungsberichte des Wirtschafts- und Verkehrsministeriums Nordrhein-Westfalen

Der Einfluß der Siebverstopfungen (Anteil g) ist wesentlich geringer, zudem lassen sich diese durch geeignete Maßnahmen beseitigen.

Um die sehr gut mit den Versuchsergebnissen übereinstimmende Darstellung nach Abbildung 41 vollkommen zu gestalten, ist die getroffene Voraussetzung der gleichen Haftkräfte aufzugeben. Es ist auf Seite 19 erklärt worden, daß die Haftkräfte um einen Mittelwert schwanken und daß die Kapillarkraftkurve nach Abbildung 41 diesen Mittelwert beschreibt. Diese Darstellung muß also senkrecht zur Papierebene erweitert werden, d.h. es ist der Zusammenhang zwischen den Sieb- und den nach Abbildung 8 um einem Mittelwert schwankenden Haftkräften für w= constant zu untersuchen.

Es sei wiederholt, daß bei bestimmten Siebkräften d.h. z = constant nur diejenigen Feinkörner an der Unterseite des Siebgutes Aussicht haben beim Zusammenprall mit dem Sieb durch die Maschen zu gelangen, bei denen die Haftkräfte zum Siebgut kleiner sind als die Siebkräfte. Diese Tatsache ist in Abbildung 43 dargestellt. Dabei ist Voraussetzung, daß sich das jeweilige Feinkorn über einer freien Masche befindet. Da die Art der Verteilung von Feinkorn in Bezug auf freie Siebmaschen bei der Trocken- und Feuchtsiebung unter sonst gleichen Bedingungen gleichartig ist, gibt der Anteil der schraffierten Fläche an der gesamten Fläche unter der Verteilungskurve ein Maß für die Siebleistung bei feuchtem Gut im Vergleich zur Trockensiebung. Dabei müssen Siebverstopfungen infolge Feuchtigkeit z.B. durch elektrische Beheizung verhindert werden. Unter diesen Bedingungen kann man folgenden Ansatz machen (w=const.):

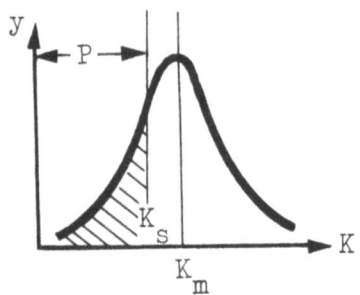

A b b i l d u n g 43
Siebleistung in Abhängigkeit von den Siebkräften bei w = constant. Die Haftkräfte streuen um den Mittelwert K_m

$$L = c \cdot L_t \cdot h \int_0^{K_s} e^{-h^2 (K - K_m)^2} \cdot dK \qquad (44)$$

L_t = Siebleistung bei trockenem Gut
c = Konstante

Jeder Siebleistungswert (ohne Verstopfungen) ergibt sich aus einer

Integration der für diesen Zustand des Siebgutes gültigen Haftkraftverteilungskurve mit den Parametern h und K_m, wobei die Siebkräfte die Integrationsgrenzen festlegen. Mit der Annahme einer gleichen Haftkraft müßten sich die Grenzen der Siebbarkeit nach Abbildung 41 sprunghaft einstellen. Unter Berücksichtigung der wirklichen Verhältnisse ergibt sich aber nach Gleichung (44) ein stetiger Übergang, der sich auf Grund der Versuchsergebnisse (Diagramm Nr. 1 - 3) über mehrere Feuchtigkeitsprozente erstrecken kann.

Nach vorstehenden Darlegungen ist eine Steigerung der Siebleistung entweder durch Vergrößerung der Sieb- oder Verkleinerung der Haftkräfte oder beides gemeinsam möglich.

a) Vergrößerung der Siebkräfte

Durch Vergrößern der Siebamplituden oder -drehzahl kann man die Siebkräfte vergrößern, wobei sie nicht nur von dem Beschleunigungswert, sondern auch von der Art und Weise wie die Siebbeschleunigung auf das Siebgut einwirkt bestimmt werden. Eine Amplitudenvergrößerung wird eine andere Leistungssteigerung nach sich ziehen als eine Drehzahländerung. Das ist insofern wichtig, weil die Lebensdauer der Konstruktionselemente der Siebmaschine nur vom absoluten Wert der Siebbeschleunigung abhängt, man sich also für den richtigen Weg entscheiden muß.

Die Siebkräfte werden in erster Linie durch die Wurfhöhe des Siebgutes weiter durch die Relativgeschwindigkeit zwischen Sieb und Siebgut im Augenblick des Zusammentreffens, den zusammenstoßenden Massen und die Art des Stoßes bestimmt. Die genaue Erfassung dieser Wirkungen im einzelnen ist äußerst schwierig. (Die Versuche hierüber werden fortgesetzt) Es genügt hier aber, wenn das abweichende Verhalten des feuchten Gutes zu den aus Erfahrungen und Versuchen bekannten Wirkungen der Siebkräfte beim Trockensieben angegeben wird.

Die Wurfvorgänge bei feuchtem Gut verlaufen im Vergleich zur Trockensiebung dadurch anders, weil die kapillare Flüssigkeit das Siebgut mehr oder weniger zusammenhält und dieses daher in Bezug auf Stoßvorgänge plastische Eigenschaften zeigt, und weil die kapillaren Haftkräfte das Abheben vom Sieb erschweren[17]. Man kann sich dies an einem Modell veranschaulichen, bei dem das Siebgut als eine feste Masse angesehen wird, die an der Unterseite eine plastische Schicht trägt, deren Dicke mit der Feuchtigkeit zunimmt. Beim Zusammentreffen von Sieb und Siebgut wird ein Teil der Stoßenergie durch Formänderung der plastischen Masse und durch Dämpfung verbraucht. Ebenso wird der Abwurf erschwert, weil die Übertragung der Siebgeschwindigkeit auf das Siebgut infolge der plastischen Schicht im Vergleich zum trockenen Gut eine längere Zeitdauer beansprucht.

Es ist bekannt, daß bei einer Klassierung auf Wurfsieben die Drehzahl und Amplitude der Maschenweite angepaßt werden müssen. Bei feuchtem Gut ist nach vorstehenden Ausführungen auch noch der Feuchtigkeitseinfluß zu berücksichtigen. Das durch Versuch zu ermittelnde Optimum erfordert u.a. ein Wurfverhalten, bei dem die Wurfzahl mit der Drehzahl übereinstimmt, d.h. bei jeder Umdrehung fällt das Siebgut einmal auf das Sieb, ein Zustand, den man als statistische Resonanz bezeichnet. Siebamplitude und -Drehzahl sind dann festgelegt.

Wird nun die Siebbeschleunigung von diesem Zustand ausgehend durch Steigerung der Drehzahl vergrößert, dann wird die geforderte Zeitdauer der Einwirkung der Siebbewegung auf das Siebgut unterschritten, wodurch sich die Wurfverhältnisse in ungünstiger Richtung verändern. Diese Erscheinung tritt nicht auf, wenn man die Siebamplitude in bestimmten Bereichen vergrößert (hierüber wird später gesondert berichtet). Durch diese Maßnahme werden alle die Siebkraft bestimmenden Einflußgrößen im gewünschten Sinne vergrößert. Die entsprechende Leistungszunahme ist gemessen worden und in den Diagrammen Nr. 1 bis 3 angegeben. Der Anteil der Beseitigung von Siebverstopfungen läßt sich aus den gemessenen Werten gemäß den Ausführungen von Seite 54 und 55 eliminieren. Die Ergebnisse bestätigen die Aussage der Gleichung (44), wonach sich die Siebleistung durch genannte Maßnahme im Vergleich zur Trockensiebung erheblich steigern läßt.

Zur Trockensiebung, die mit der Feuchtsiebung nach Abbildung 44 verknüpft ist, sind noch folgende Ausführungen zu machen:
Wird die Amplitude von der statistischen Resonanz ausgehend vergrößert, dann wird das Siebgut je nach Amplitudenänderung so hoch geworfen, daß das Sieb mehrere Umdrehungen ausführt bis das Siebgut wieder auftrifft. Die Anzahl der Würfe pro Zeiteinheit nimmt ab und damit auch die Siebleistung, weil Feinkorn nur bei jedem Zusammenstoß zwischen Siebboden und Siebgut abgegeben wird. Diese Erscheinung zeigt sich in den Diagrammen Nr. 1 - 3 im Bereich kleiner Feuchtigkeitswerte bei $z = 12$ und 18. Der zunehmenden Überwindung der Haftkräfte (Gleichung (34), Abb. 20)

beim Vergrößern der Siebamplitude steht die Abnahme der effektiven Zeit zur Korntrennung gegenüber. Es gibt also für die sinnvolle Steigerung der Amplitude optimale Werte, die sich aus den Versuchsergebnissen abschätzen lassen. Die hierdurch gegebene maximale Siebbeschleunigung liegt aber weit über derjenigen Grenze, die man in der Praxis mit Rücksicht auf die Lebensdauer der Siebeinrichtung einhält.

b) Verkleinerung der Haftkräfte

1) D u r c h   E r n i e d r i g e n   d e r   O b e r f l ä c h e n s p a n n u n g

Ein Verkleinern der Anziehungskräfte im Siebgut und die damit verbundene Leistungssteigerung ist durch Zugabe oberflächenaktiver Stoffe möglich, weil diese die Oberflächenspannung herabgesetzen. Bei den Versuchen, deren Ergebnisse im Diagramm Nr. 16 angegeben sind, wurde dem Zwischenraumwasser das Waschmittel "Rei" zugesetzt. Eine lineare Verkleinerung der Oberflächenspannung bedingt ein eben solches Verhalten der Kapillarkräfte. (Verschiebung der Haftkraftverteilungskurve nach Abb. 44). Daß dabei die Siebleistung bei Zugabe von "Rei" zunächst nur langsam, dann aber sehr stark ansteigt, folgt unmittelbar aus der Integration nach Gleichung 44 (die in Abb. 44 beigeschriebenen Zahlen geben die Erniedrigung

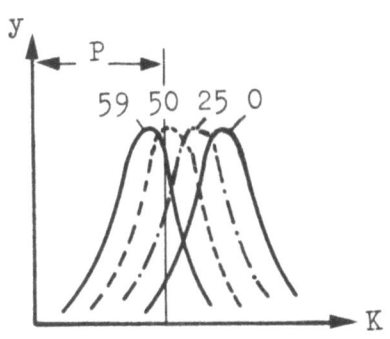

A b b i l d u n g 44
Erhöhung der Siebleistung durch Zugabe oberflächenaktiver Stoffe. w = constant

der Oberflächenspannung in % an). Ob der Aufwand zur Erniedrigung der Oberflächenspannung wirtschaftlich ist oder überhaupt Zweck hat, kann man nach den gemachten Ausführungen über die Siebkräfte nur in Verbindung mit diesen beurteilen.

Eine in jedem Fall unerwünschte Vergrößerung der Kapillarkräfte tritt dann auf, wenn die Kapillarflüssigkeit mit hydrophilen Stoffen z.B. Ton verunreinigt ist, oder wenn darin kapillarinaktive Stoffe wie z.B. Salze gelöst sind.

2) D u r c h   V e r g r ö ß e r n   d e s   R a n d w i n k e l s

Bei einem Randwinkel $\vartheta > 90°$ treten nach Abbildung 6 keine kapillaren Anziehungskräfte im feuchten Kornverband mehr auf. Ein großer Randwinkel

kann dadurch geschaffen werden, indem z.B. zwischen Wasser und Korn eine
Flüssigkeit eingeführt wird, die mit Wasser einen entsprechenden Randwinkel ausbildet. Wird z.B. feuchte Steinkohle mit einem lückenlosen Monofilm von Öl überzogen, so treten zwischen diesen Kohleteilchen trotz Wasserfeuchtigkeit keine Anziehungskräfte mehr auf. Die wesentliche Schwierigkeit besteht in der Herstellung dieses Monofilms. So wurde Steinkohle
mit viel Leichtbenzin kräftig verrührt, worin auf das Kohlegewicht bezogen 0,2 % Petroleum gelöst waren. Die Aufmischung mit Wasser erfolgte
nach Verdunsten des Lösungsmittels. Dabei zeigte sich, daß die Siebleistung dieses Kornverbandes nach Diagramm Nr. 17 geringer ist als bei
nicht behandelter Kohleoberfläche. Diese überraschende Tatsache ist darauf zurückzuführen, daß nur ein Teil der Oberfläche wasserabstoßend geworden ist. Die vorhandene Feuchtigkeit, die sonst über die gesamte Oberfläche verteilt ist, sammelt sich an den nicht vom Petroleum benetzten Stellen an und übt hier verstärkte Kraftwirkungen aus, die noch durch die bevorzugte Aneinanderlagerung dieser Stellen bei Bewegung des Haufwerkes gefördert werden. Eine Änderung des Randwinkels nach dieser Methode hat also nur dann Zweck, wenn je nach vorhandener Wasserfeuchtigkeit soviel Oberfläche wasserabstoßend wird, daß die Gesamtheit der Anziehungskräfte im Siebgut abnimmt.

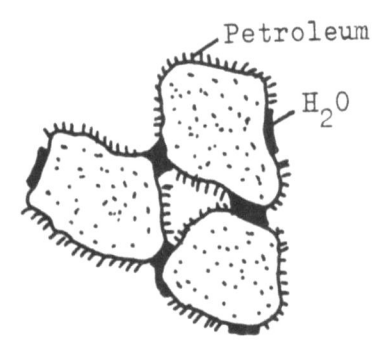

A b b i l d u n g 45
Verschiebung des Wassers
im Kornverband aus Steinkohle bei Zugabe von Petroleum

Die örtliche Anhäufung von Wasser begünstigt jedoch eine mechanische Entwässerung, so daß die Vorschaltung eines derartigen Verfahrens vor den Siebprozeß günstig sein kann.

Eine völlige Benetzung einer Oberfläche zur Änderung des Randwinkels ist wahrscheinlich nur durch genügend überschüssige und damit erneute kapillare Flüssigkeit möglich. Die Änderung der Anziehungskräfte wird dann durch die Eigenschaften dieser Kapillarflüssigkeit bestimmt. Wird z.B. Petroleum als kapillare Flüssigkeit bei Kohle verwendet, dann ergibt sich nach Diagramm Nr. 17 eine höhere Leistung als bei Wasserfeuchtigkeit.
Da die Oberflächenspannung des Petroleums nur 25 dyn/cm gegenüber 72 dyn/cm bei Wasser beträgt, ist etwa (genaue Bestimmung s. Gleichung 44) eine

dreifache Leistung zu erwarten. Daß aber nur etwa das doppelte erreicht wird liegt daran, daß der Randwinkel Kohle-Oel kleiner ist als der bei Wasser-Oel.

Die geringe Abhängigkeit der Leistung von der Siebtemperatur bei Kapillarflüssigkeit mit hohen Siedetemperaturen wie Petroleum ist nochmals ein Beweis dafür, daß bei einer Siebbodenerwärmung nur die Trocknung von Einfluß ist, die beim Petroleum infolge der hohen Siedetemperatur recht gering ist.

c) Abtrocknung der Kapillarflüssigkeit

Wie schon eingehend begründet, ist die größte Behinderung oder gar Unterbindung der Siebleistung durch die Anziehungskräfte im Siebgut gegeben. Lassen sich die bis jetzt erwähnten Methoden zum Überwinden oder Mildern der Siebschwierigkeiten nicht anwenden, dann ist ein Abtrocknen der Kapillarflüssigkeit notwendig. Diese mit einem elektrisch beheizten Sieb durchzuführen, ist, wie schon erwähnt, recht unwirtschaftlich, besonders aber dann, wenn das Gut infolge hoher Feuchtigkeit nicht mehr siebbar ist. Für diesen Fall wird während der Bewegung des Gutes in der Förderrichtung des Siebes erst dann Feingut abgesiebt, wenn die Feuchtigkeit durch Trocknung soweit erniedrigt ist, daß die Siebkräfte überwiegen. Damit wird eine bestimmte Siebfläche gar nicht zum Sieben verwendet. Der Trocknungsprozeß muß also in diesen Fällen dem Siebprozeß vorgeschaltet werden. Ob sich die Trocknung durch eine mechanische Entfeuchtung ersetzen läßt, hängt vom möglichen Entwässerungsgrad ab[16].

Die bis jetzt gemachten Ausführungen, die sich im wesentlichen auf die Versuche mit Quarz stützen, haben qualitativ für die Absiebung aller feuchten Haufwerke Gültigkeit. Beim Sieben von Kohle, Diagramm Nr. 18, sind grundsätzlich die gleichen Erscheinungen festzustellen wie bei Quarz. Auch bei der Absiebung von Kornverbänden mit einem großen Bereich an vorkommenden Korngrößen treten grundsätzlich keine anderen Effekte auf. Nur wird der Grad der Leistungsabnahme ein anderer sein.

Bei der Beurteilung der Feuchtigkeit muß man in jedem Fall daran denken, daß diese in Gewichtsprozent auf das Trockengewicht des Siebgutes bezogen ist. Entscheidend ist das Volumen der kapillaren Flüssigkeit, das z.B. bei gleichem Feuchtigkeitswert w bei Quarz etwa doppelt so groß ist als bei Kohle.

Forschungsberichte des Wirtschafts- und Verkehrsministeriums Nordrhein-Westfalen

V. Zusammenfassung

Die Ursachen der Leistungsabnahme beim Sieben feuchter Kornverbände sind durch die Kraftwirkungen der in den Hohl- oder Zwischenräumen vorhandenen kapillaren Flüssigkeit gegeben, wobei die hieraus resultierenden Anziehungskräfte im Siebgut eine Abgabe von Feinkorn an die Siebmaschen erschweren oder verhindern. Die durch die Kapillarflüssigkeit zwischen Sieb und Korn bedingten Verstopfungen sind von weniger großem Einfluß, zumal eine sichere Verhinderung durch entsprechende Maßnahmen möglich ist.

Beim Verwenden der elektrischen Beheizung werden Verstopfungen im wesentlichen durch das Abtrocknen der Kapillarflüssigkeit beseitigt, wobei die parallel verlaufende Erniedrigung der Zähigkeit und Oberflächenspannung praktisch ohne Bedeutung ist. Da die Trocknungsleistung etwa linear mit der Siebtemperatur zunimmt, ist die obere Grenztemperatur dann gegeben, wenn die notwendige abzutrocknende Kapillarflüssigkeitsmenge, die bei sonst gleichen Bedingungen durch die Siebbeschleunigung und den Wassergehalt des Gutes bestimmt ist, in der Zeitdauer einer Siebschwingung beseitigt wird. Der Verstopfungsgrad ist dann Null, wodurch sich mit der diesem Zustand entsprechenden Leistung die Verstopfung bei anderen Siebbedingungen angeben und die Verstopfungsdauer abschätzen läßt.

Siebverstopfungen lassen sich weiter wirksam dadurch mildern, indem ein Siebmaterial gewählt oder an der Oberfläche so verändert wird, daß es wasserabstoßende Eigenschaften erhält.

Mit dem aus Sicherheitsgründen begrenzten elektrischen Potentialgefälle senkrecht zur Siebebene kann man eine ausreichende Flüssigkeitsverschiebung zur Beseitigung von Verstopfungen nicht erzielen.

Eine weitere Möglichkeit zum Verhindern von Siebverstopfungen besteht darin, den Siebboden zwangsweise so zu Oberschwingungen und damit hohen Beschleunigungen zu erregen, daß das günstigste Wurfverhalten des Siebgutes nicht beeinflußt wird, die Amplitude aber ausreicht, um das vom Sieb - Flüssigkeit - Korn gebildete Schwingungssystem durch Überschreiten der optimalen Festigkeit der Kapillarlamellen zu zerstören.

Die Leistung von Spalt- oder Langmaschensieben ist auch bei Feuchtigkeitseinfluß wesentlich größer als die der Quadratmaschensiebe, so daß diese nur dann eine Berechtigung haben, wenn eine scharfe Kornscheide verlangt wird.

Forschungsberichte des Wirtschafts- und Verkehrsministeriums Nordrhein-Westfalen

Die Anziehungskräfte im Aufgabegut sind nach Art einer Gauß'schen Glockenkurve verteilt. Eine bestimmte Kraftgröße wird besonders häufig vorkommen, während daneben auch noch stärkere oder schwächere Bindungen auftreten. Dasjenige Feingut mit Bindungskräften, die kleiner sind als die beim Zusammentreffen von Sieb und Siebgut auftretenden Stoß- und Trägheitskräfte und das sich über den Maschen befindet, wird durch das Sieb fließen. Die Siebleistung, auf die Trockensiebung bezogen, entspricht also einer Integration der Haftkraftverteilungskurve zwischen Null und einer oberen Grenze, die von den Siebkräften festgelegt wird. Hieraus folgt, daß eine Leistungssteigerung durch Vergrößern der Siebbeschleunigung möglich ist. Abgesehen von konstruktiven Gesichtspunkten gibt es ein Optimum, weil durch die gleichzeitig auftretenden Mehrfachwürfe die effektive Zeit zum Kornaustausch abnimmt.

Infolge des plastischen Stoßverhaltens des feuchten Siebgutes muß die Beschleunigungskraft über eine bestimmte Zeitdauer auf das Siebgut einwirken. Für ein Vergrößern der Siebkräfte ist daher die Amplitude des Siebbodens von stärkerem Einfluß als eine Steigerung der Siebdrehzahl (auf gleiche Beschleunigungswerte bezogen).

Die Anziehungskräfte im Aufgabegut können außer durch Trocknung dadurch herabgesetzt werden, indem die Kornoberfläche so verändert wird, daß sich ein Randwinkel $\vartheta > 90°$ einstellt oder dadurch, daß man die Oberflächenspannung der Kapillarflüssigkeit durch Zugabe oberflächenaktiver Stoffe herabsetzt. Auch der Ersatz der Kapillarflüssigkeit durch eine solche mit niedrigerer Oberflächenspannung hat die gleiche Wirkung.

Dr.-Ing. Wilhelm BATEL, Aachen

VI. Literaturverzeichnis

1) KIESSKALT, S. — Verfahrenstechnik K. Hanser Verlag München 1951, S.65/69

2) FRASER und Mac LACHLAN — Probing Problems of pneumatic cleaning of bituminous coal. Coal Age 35, 1930, 529

3) KEGEL und E. RAMMLER — Einflüsse der Kohlenfeuchtigkeit auf den Absiebvorgang, Techn. Wirtschaftliche Berichte des Reichskohlenrates Bericht I 1940 Springer Berlin 1940

4) GUERRIN, M. A. — La notion de "vide" des complex grenus Travaux Paris 25, 1941, S.52/56; 78/88

5) EUCKEN, A. — Lehrbuch der chemischen Physik, Akademische Verlagsgesellschaft Leipzig 1944 II Bd. S. 1164/1290

6) CZUBER, E. — Statistische Forschungsmethoden L. W. Seidel & Sohn, Wien 1921

7) EUCKEN-JAKOB — Der Chemie-Ingenieur Bd.1, 4.Teil S.271 ff. Akademische Verlagsgesellschaft 1934

8) BÖNING, P. — Staubelektrizität. Zeitschrift techn. Physik 10, 1927, S.386

9) MANEGOLD, E. — Emulsionen Straßenbau, Chemie und Technik Heidelberg, 1952, S.283/294

10) SINNHA, R. — Über die Viscosität konzentrierter Suspensionen J. Appl. Phys. 23, 1952, 9 S.1020/1024

11) GLATZEL, H. — Untersuchungen über die Aufstellung von Leistungskennlinien schnellaufender Schwingsiebe Diss. Aachen 1938

12) PATENT U.S.A. — Nr. 1710795 30. April 1929 Erfinder: Ray W. Arms

13) B.P. — Nr. 840 681 Erfinder: Burstlein

14) BACHMANN, D. — Bewegungsvorgänge in Schwingmühlen Beihefte Verfahrenstechnik Z.VDI 1940 S.43 und S.83

15) GOLDMANN, L. — Feinkohlenentwässerung unter Berücksichtigung der Kapillaritätserscheinungen Glückauf 34, 1932, S.749

16) BATEL,W. Vorgänge bei der mechanischen Entwässerung; Chem. Ing. Techn. 26, 1954, S. 497/502; ferner: Aufnahmevermögen körniger Stoffe für Flüssigkeiten im Hinblick auf verfahrenstechnische Prozesse; Chem. Ing. Techn. 28, 1956, S. 243/49.

17) BATEL,W. Einige Eigenschaften feuchter Haufwerke; Chem. Ing. Techn. 28, 1956, S. 195/200.

Forschungsberichte des Wirtschafts- und Verkehrsministeriums Nordrhein-Westfalen

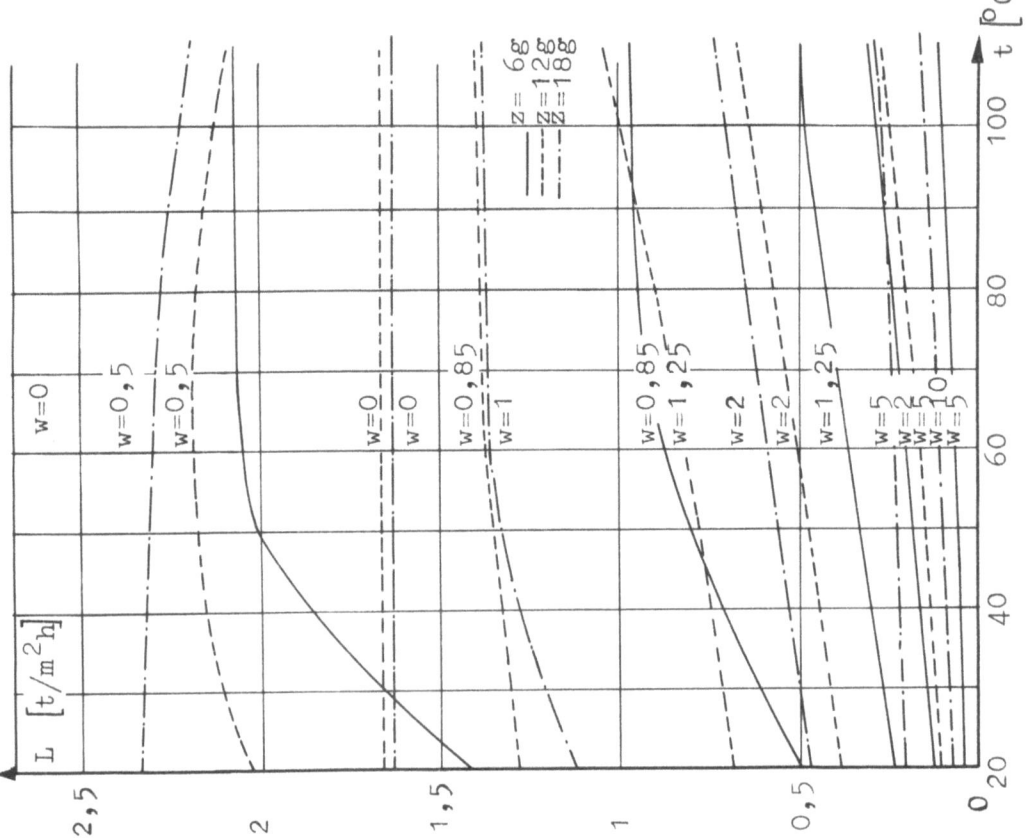

Diagramm 1a

Verlauf der Siebleistung L in Abhängigkeit der Siebtemperatur t bei der Absiebung von Quarz mit einem Korngrößenbereich von 1,0 bis 0,75 mm auf einem 1 mm Quadratmaschensieb bei verschiedenen Siebbeschleunigungen z und Feuchtigkeiten w des Aufgabegutes

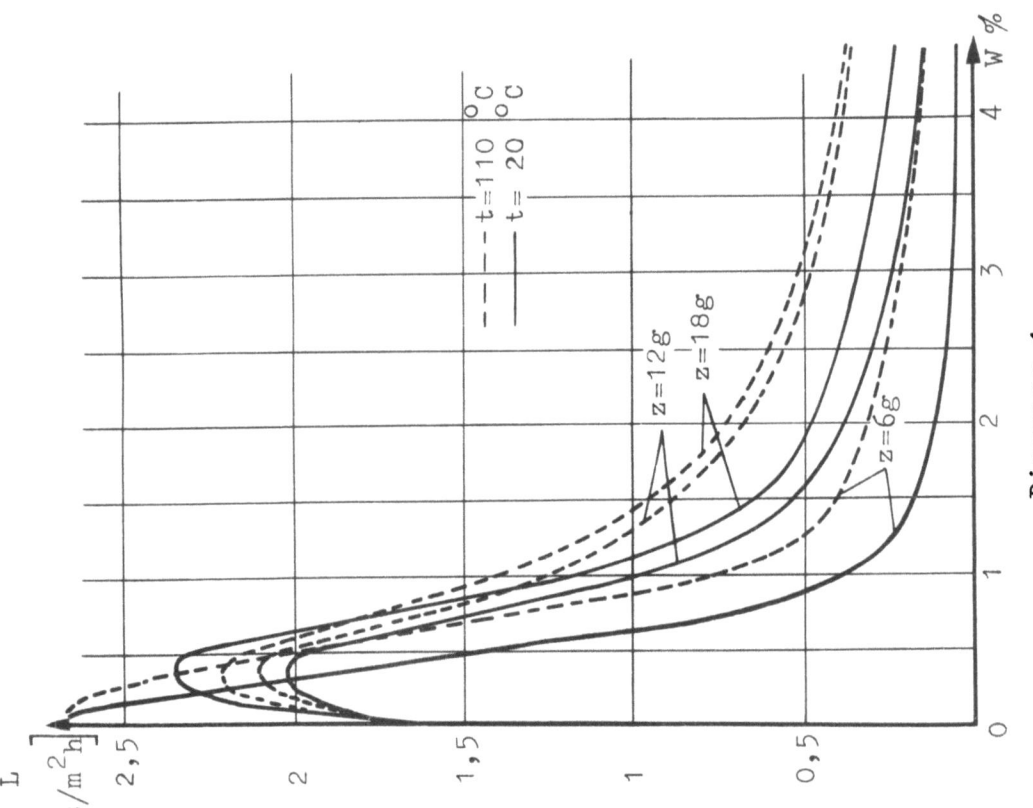

Diagramm 1

Einfluß der Feuchtigkeit w des Aufgabegutes auf die Siebleistung L bei der Absiebung von Quarz mit einem Korngrößenbereich von 1,0 bis 0,75 mm auf einem 1 mm Quadratmaschensieb bei verschiedenen Siebtemperaturen und -beschleunigungen

Forschungsberichte des Wirtschafts- und Verkehrsministeriums Nordrhein-Westfalen

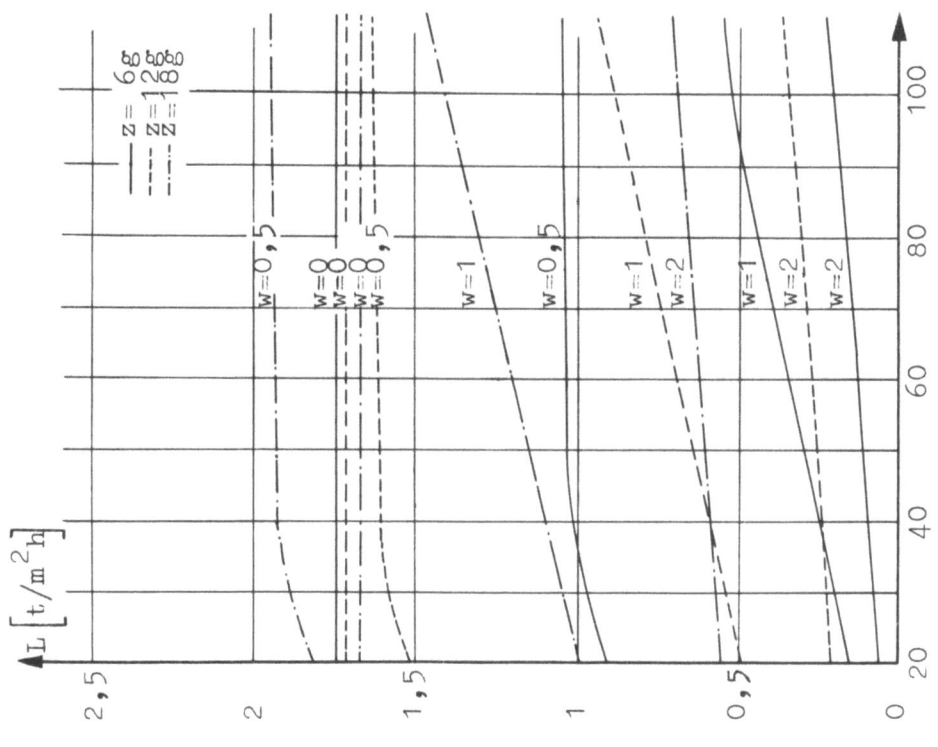

Diagramm 2a

Verlauf der Siebleistung L in Abhängigkeit der Siebtemperatur t bei der Absiebung von Quarz mit einem Korngrößenbereich von 0,75 bis 0,5 mm auf einem 0,75 mm Quadratmaschensieb bei verschiedenen Siebbeschleunigungen z und Feuchtigkeiten w des Aufgabegutes

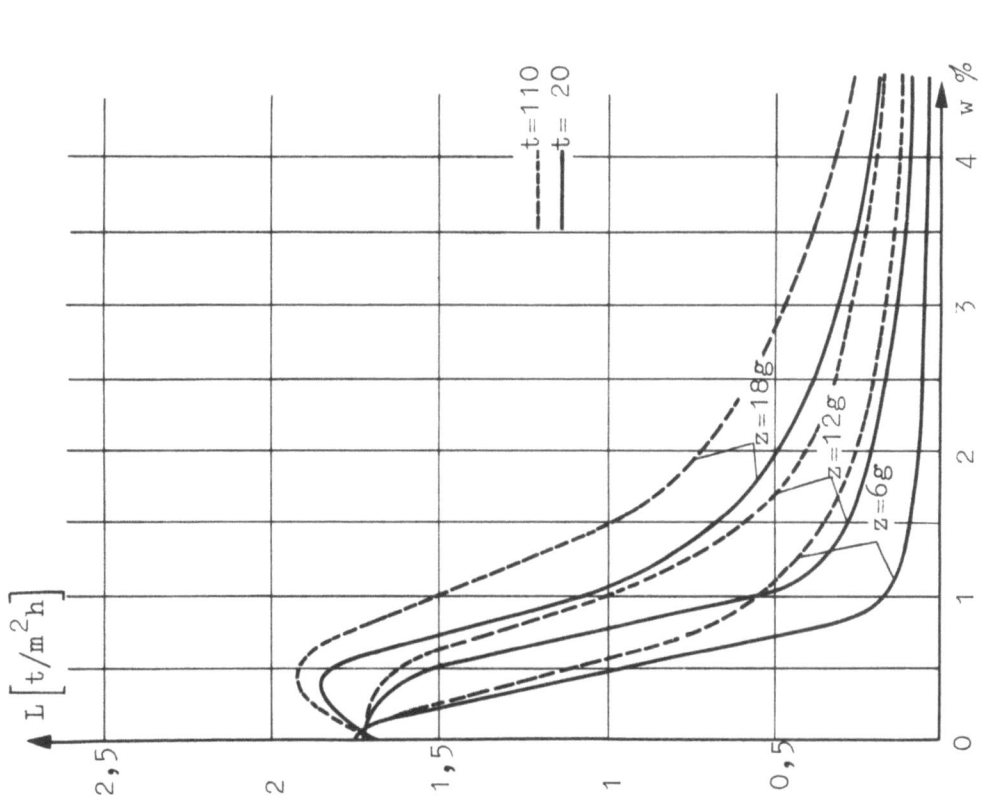

Diagramm 2

Einfluß der Feuchtigkeit w des Aufgabegutes auf die Siebleistung L bei der Absiebung von Quarz mit einem Korngrößenbereich von 0,75 bis 0,5 mm auf einem 0,75 mm Quadratmaschensieb bei verschiedenen Siebtemperaturen und -beschleunigungen

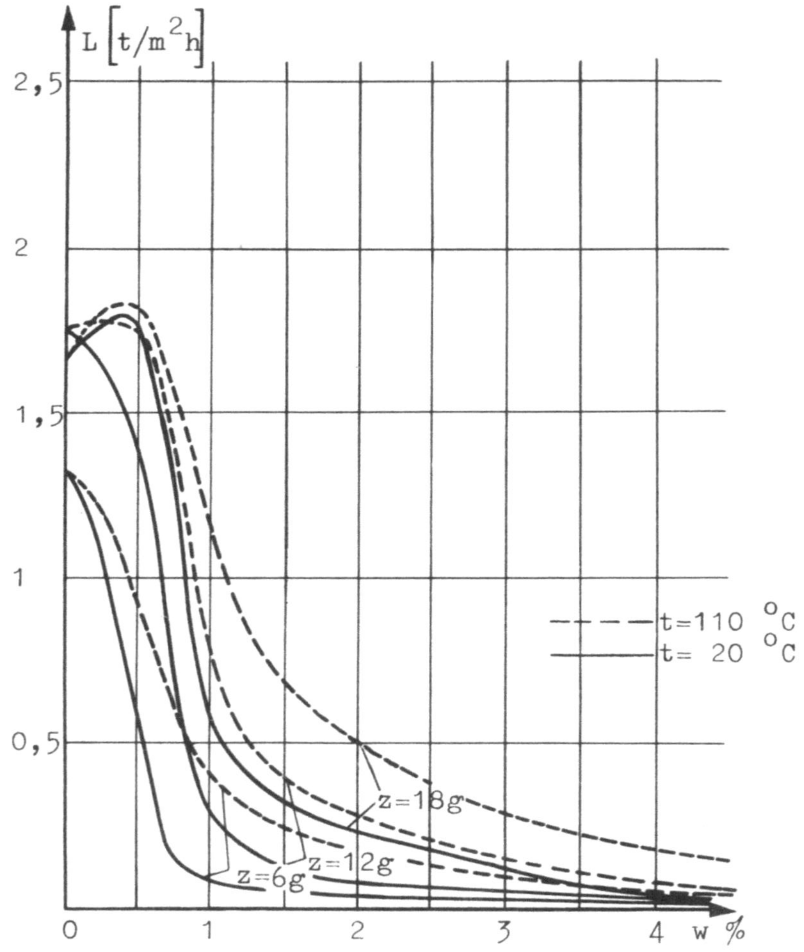

Forschungsberichte des Wirtschafts- und Verkehrsministeriums Nordrhein-Westfalen

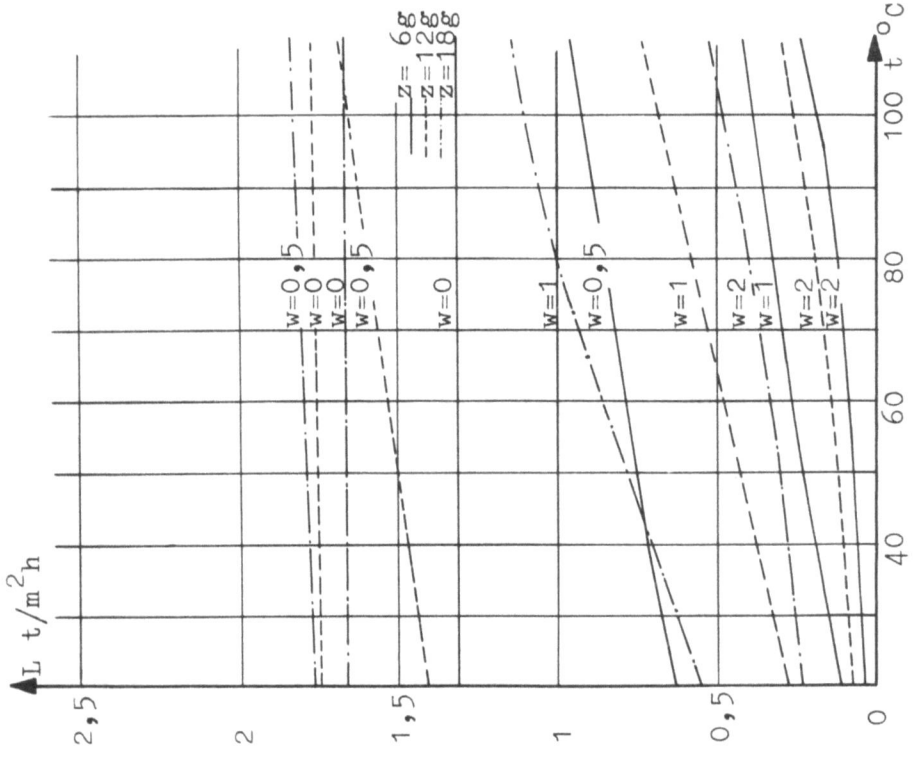

Diagramm 3a

Verlauf der Siebleistung L in Abhängigkeit der Siebtemperatur t bei der Absiebung von Quarz mit einem Korngrößenbereich von 0,5 bis 0,38 mm auf einem 0,5 mm Quadratmaschensieb bei verschiedenen Siebbeschleunigungen z und Feuchtigkeiten w des Aufgabegutes

Diagramm 3

Einfluß der Feuchtigkeit w des Aufgabegutes auf die Siebleistung L bei der Absiebung von Quarz mit einem Korngrößenbereich von 0,5 bis 0,38 mm auf einem 0,5 mm Quadratmaschensieb bei verschiedenen Siebtemperaturen und -beschleunigungen

Forschungsberichte des Wirtschafts- und Verkehrsministeriums Nordrhein-Westfalen

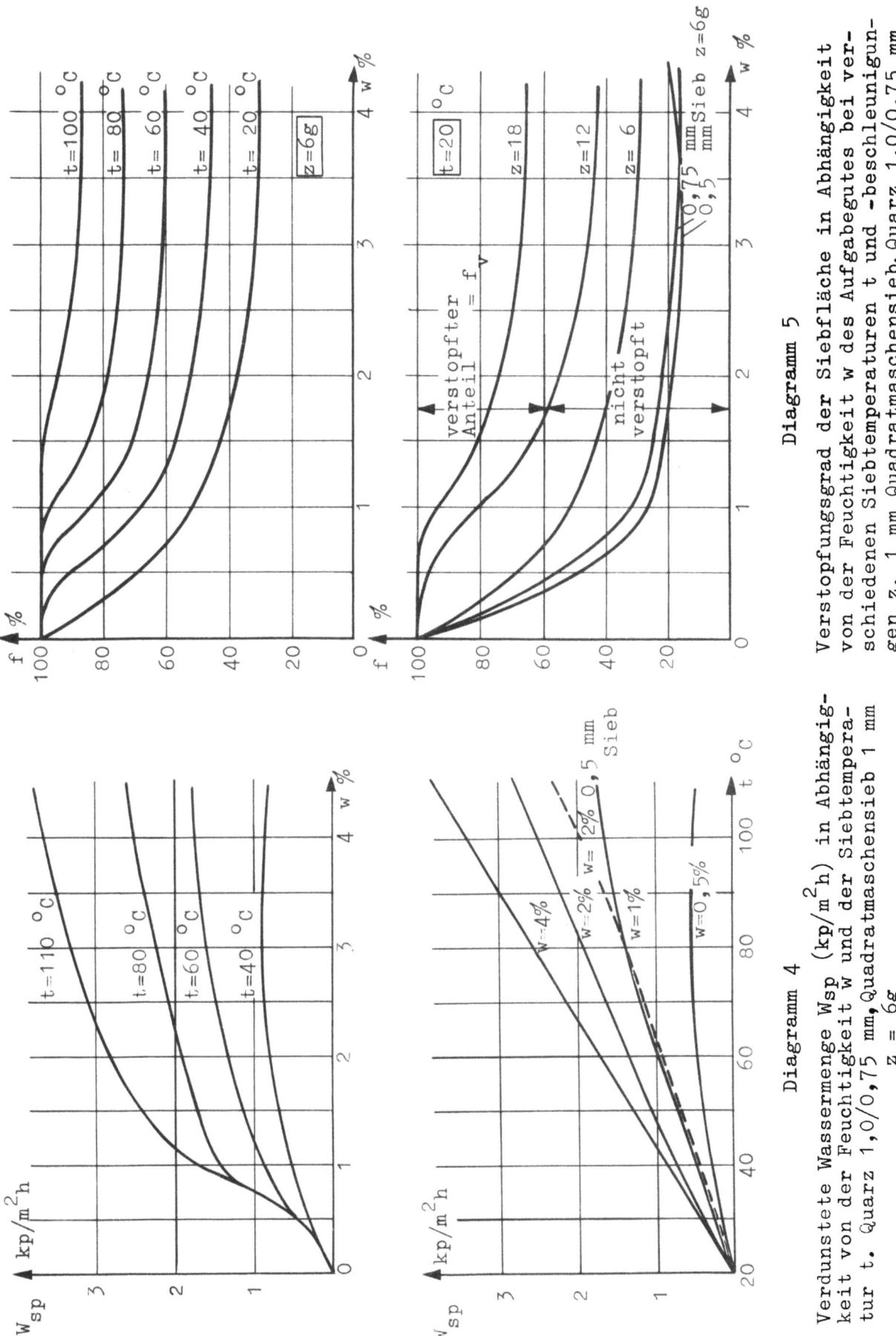

Diagramm 5

Verstopfungsgrad der Siebfläche in Abhängigkeit von der Feuchtigkeit w des Aufgabegutes bei verschiedenen Siebtemperaturen t und -beschleunigungen z. 1 mm Quadratmaschensieb, Quarz 1,0/0,75 mm

Diagramm 4

Verdunstete Wassermenge Wsp (kp/m²h) in Abhängigkeit von der Feuchtigkeit w und der Siebtemperatur t. Quarz 1,0/0,75 mm, Quadratmaschensieb 1 mm z = 6g

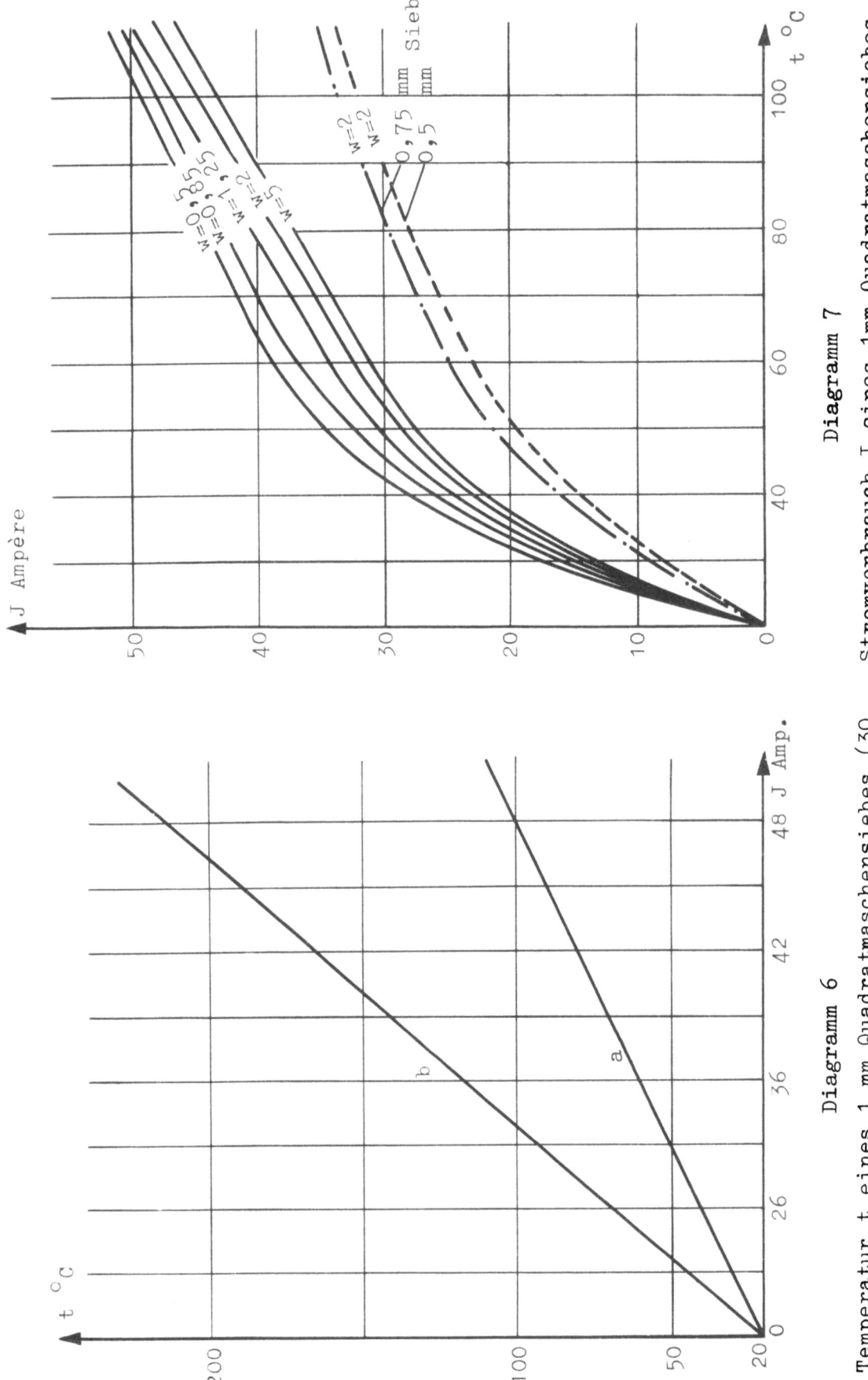

Diagramm 6

Temperatur t eines 1 mm Quadratmaschensiebes (30 · 75 mm) in Abhängigkeit von der Strombelastung I bei der Absiebung von Quarz 1,0/0,75 mm und einer Feuchtigkeit w = 0,85 %. a) belastetes Sieb b) leeres Sieb

Diagramm 7

Stromverbrauch I eines 1mm Quadratmaschensiebes (30 · 75 mm) als Funktion der Siebtemperatur t bei verschiedenen Feuchtigkeiten w des Aufgabegutes

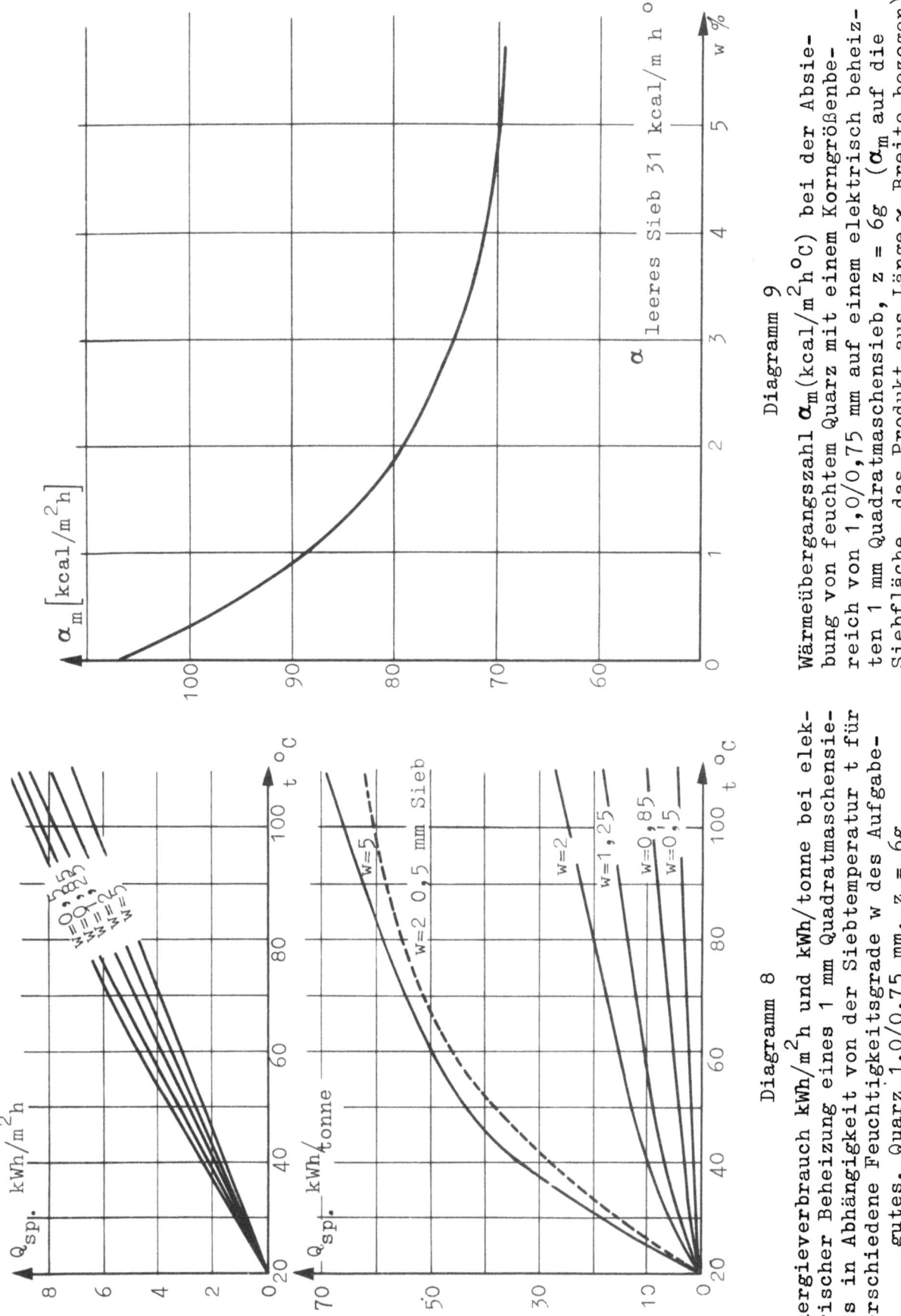

Diagramm 9

Wärmeübergangszahl α_m (kcal/m²h°C) bei der Absiebung von feuchtem Quarz mit einem Korngrößenbereich von 1,0/0,75 mm auf einem elektrisch beheizten 1 mm Quadratmaschensieb, $z = 6g$ (α_m auf die Siebfläche, das Produkt aus Länge × Breite bezogen)

Diagramm 8

Energieverbrauch kWh/m²h und kWh/tonne bei elektrischer Beheizung eines 1 mm Quadratmaschensiebes in Abhängigkeit von der Siebtemperatur t für verschiedene Feuchtigkeitsgrade w des Aufgabegutes. Quarz 1,0/0,75 mm, $z = 6g$

Forschungsberichte des Wirtschafts- und Verkehrsministeriums Nordrhein-Westfalen

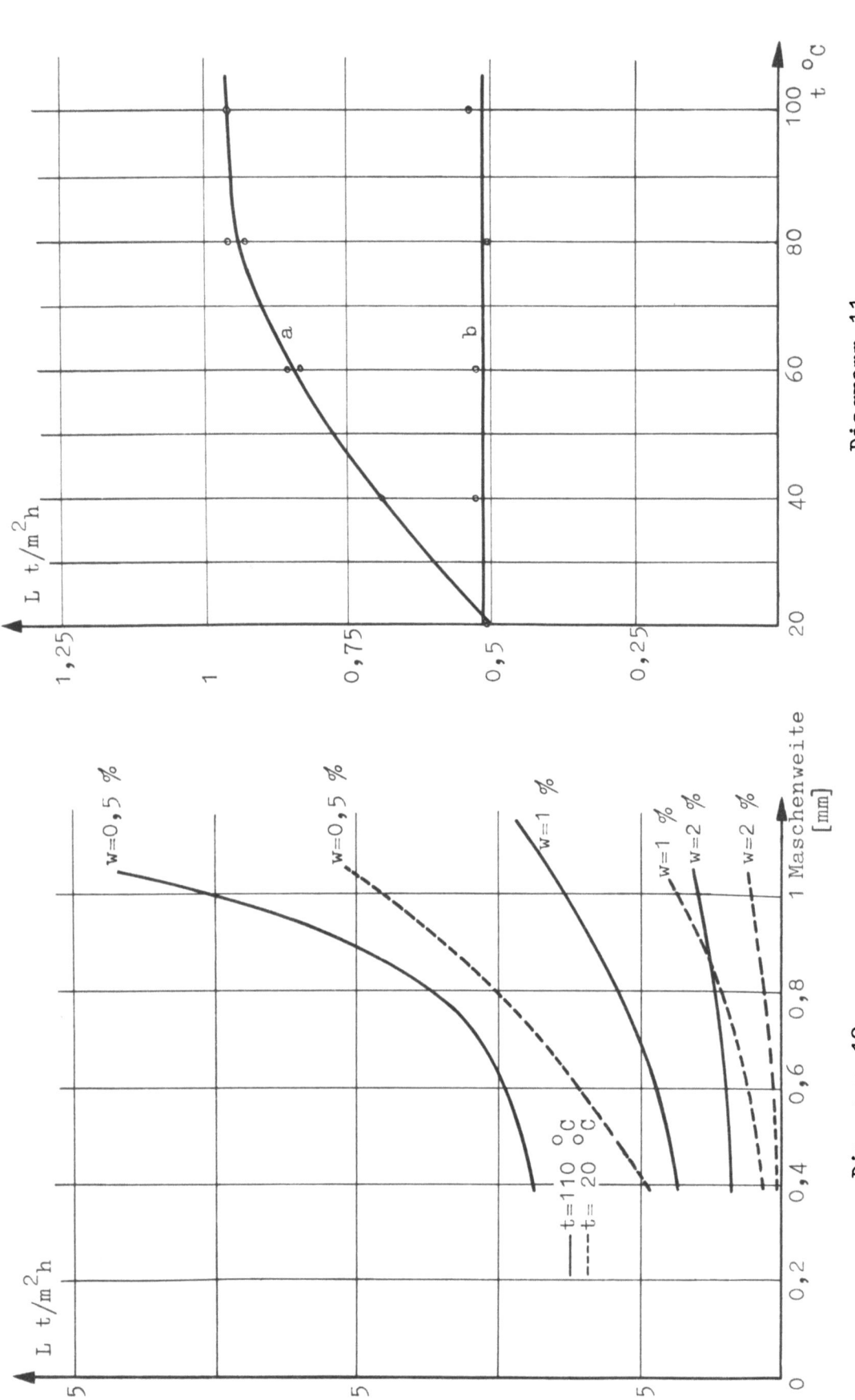

Diagramm 11

Siebleistung L in Abhängigkeit von der Siebtemperatur t. Quarz 1,0/0,75 mm, Quadratmaschensieb 1 mm, z = 6g, w = 0,85 % a) normaler Trocknungsvorgang b) Trocknung durch Bedampfung verhindert

Diagramm 10

Einfluß der Maschenweite (Quadratmaschensieb) auf die Siebleistung L bei der Absiebung von Quarz für verschiedene Siebtemperaturen t und Feuchtigkeitsgrade w des Aufgabegutes. z = 6g

Forschungsberichte des Wirtschafts- und Verkehrsministeriums Nordrhein-Westfalen

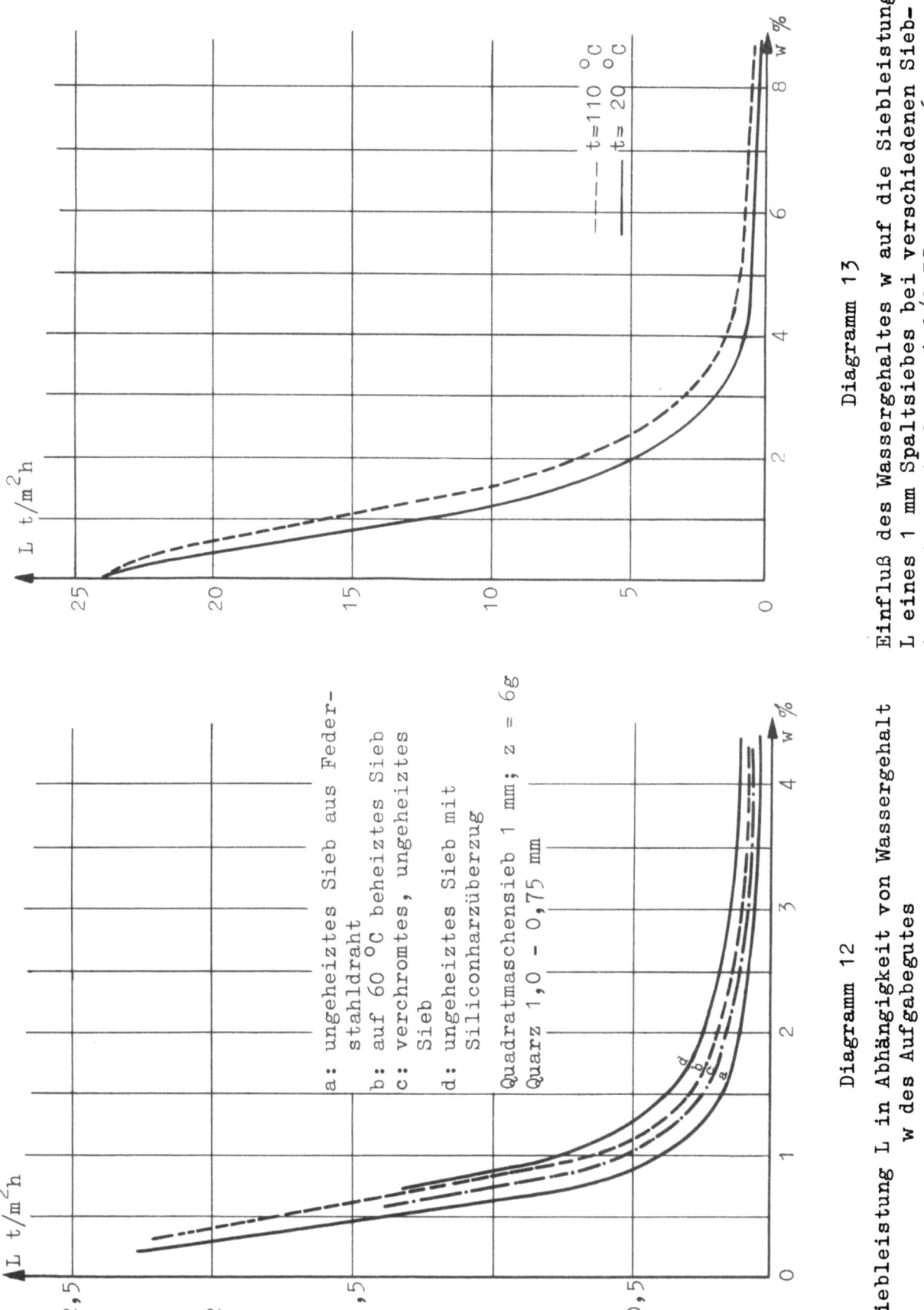

Diagramm 12

Siebleistung L in Abhängigkeit von Wassergehalt w des Aufgabegutes

Diagramm 13

Einfluß des Wassergehaltes w auf die Siebleistung L eines 1 mm Spaltsiebes bei verschiedenen Siebtemperaturen t. Quarz 1,0/0,75 mm z = 6g

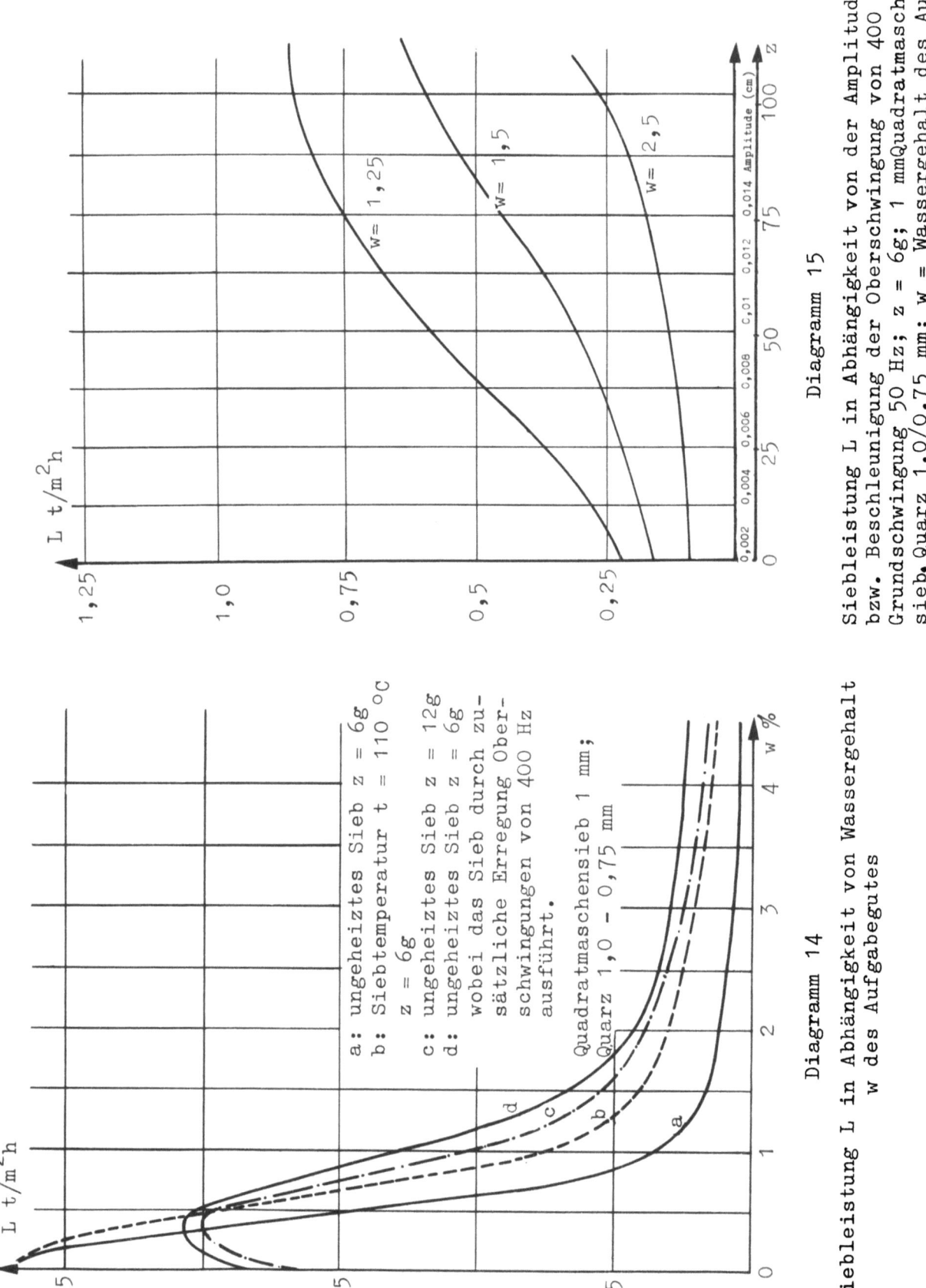

Diagramm 15

Siebleistung L in Abhängigkeit von der Amplitude bzw. Beschleunigung der Oberschwingung von 400 Hz Grundschwingung 50 Hz; z = 6g; 1 mm Quadratmaschensieb, Quarz 1,0/0,75 mm; w = Wassergehalt des Aufgabegutes in %

a: ungeheiztes Sieb z = 6g
b: Siebtemperatur t = 110 °C z = 6g
c: ungeheiztes Sieb z = 12g
d: ungeheiztes Sieb z = 6g wobei das Sieb durch zusätzliche Erregung Oberschwingungen von 400 Hz ausführt.

Quadratmaschensieb 1 mm; Quarz 1,0 – 0,75 mm

Diagramm 14

Siebleistung L in Abhängigkeit von Wassergehalt w des Aufgabegutes

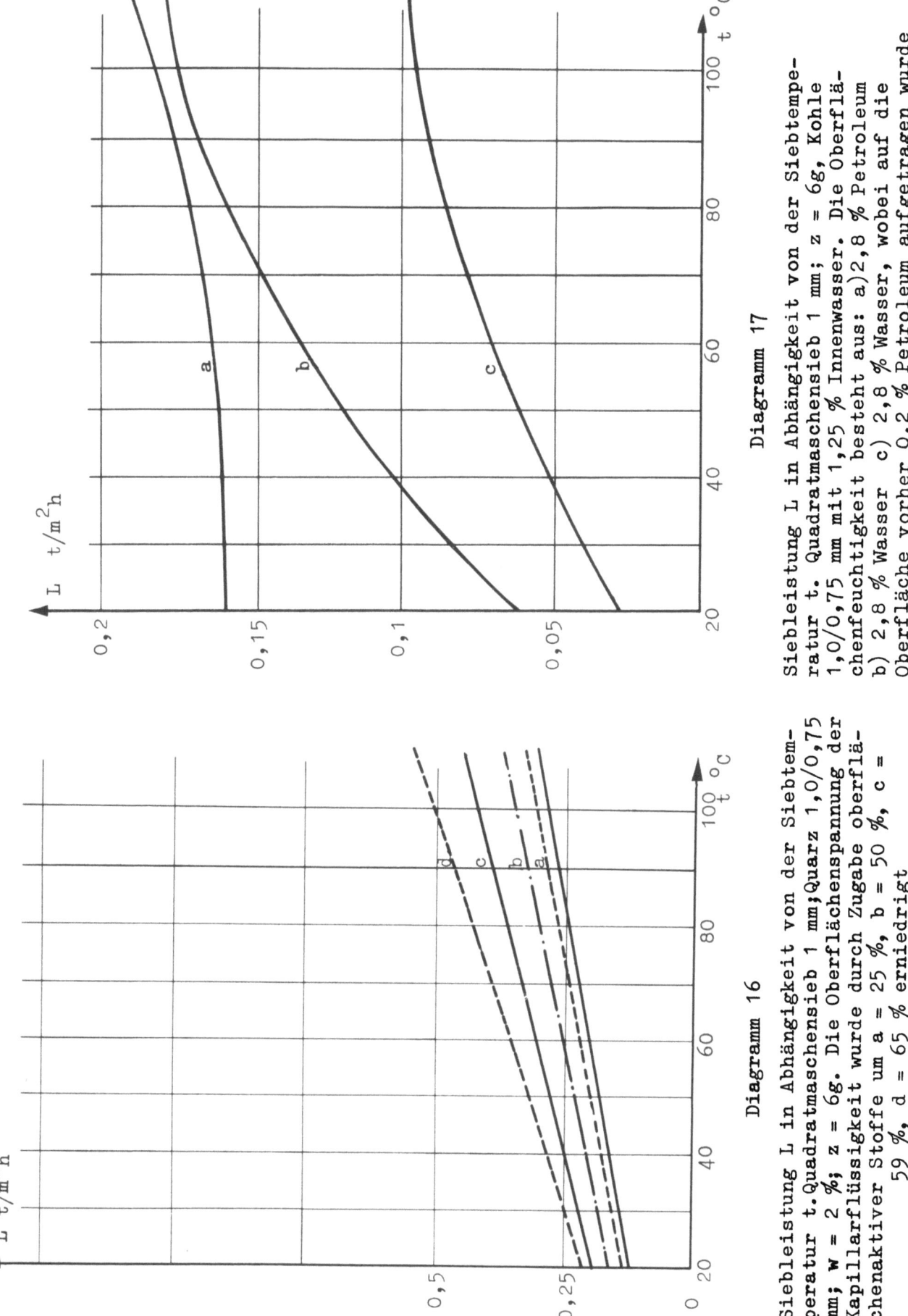

Diagramm 17

Siebleistung L in Abhängigkeit von der Siebtemperatur t. Quadratmaschensieb 1 mm; z = 6g, Kohle 1,0/0,75 mm mit 1,25 % Innenwasser. Die Oberflächenfeuchtigkeit besteht aus: a) 2,8 % Petroleum b) 2,8 % Wasser c) 2,8 % Wasser, wobei auf die Oberfläche vorher 0,2 % Petroleum aufgetragen wurde

Diagramm 16

Siebleistung L in Abhängigkeit von der Siebtemperatur t. Quadratmaschensieb 1 mm; Quarz 1,0/0,75 mm; w = 2 %; z = 6g. Die Oberflächenspannung der Kapillarflüssigkeit wurde durch Zugabe oberflächenaktiver Stoffe um a = 25 %, b = 50 %, c = 59 %, d = 65 % erniedrigt

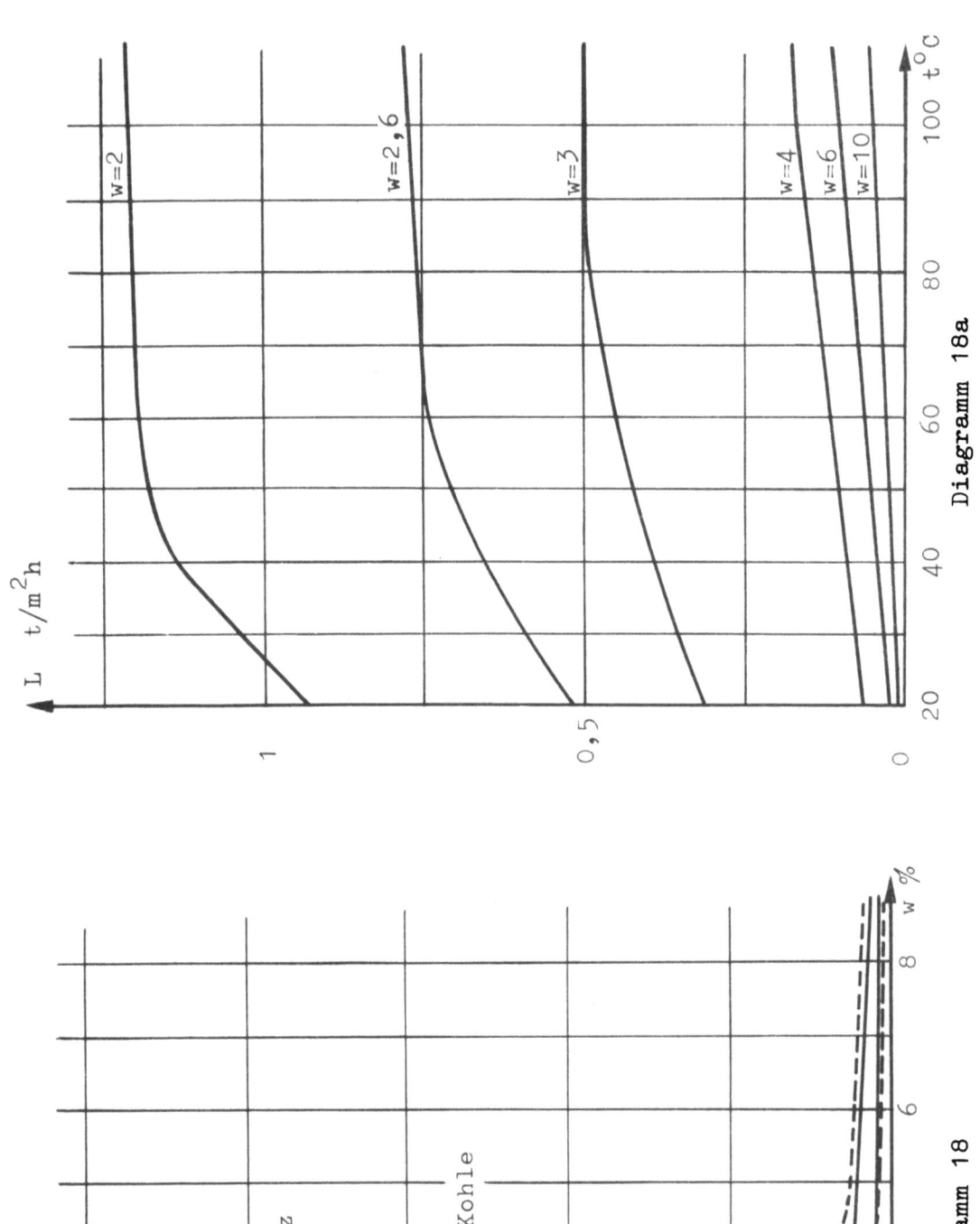

Diagramm 18

Siebleistung L von Steinkohle 1,0/0,75 mm und Quarz 1,0/0,75 mm in Abhängigkeit vom Wassergehalt w des Aufgabegutes bei verschiedenen Siebtemperaturen t. 1 mm Quadratmaschensieb, z = 6g

Diagramm 18a

Einfluß der Siebtemperatur t auf die Siebleistung L bei der Absiebung von Kohle 1,0/0,75 mm auf einem 1 mm Quadratmaschensieb bei z = 6g

FORSCHUNGSBERICHTE DES WIRTSCHAFTS- UND VERKEHRSMINISTERIUMS NORDRHEIN-WESTFALEN

Herausgegeben von Staatssekretär Prof. Leo Brandt

HEFT 1
Prof. Dr.-Ing. E. Flegler, Aachen
Untersuchungen oxydischer Ferromagnet-Werkstoffe
1952, 20 Seiten, DM 6,75

HEFT 2
Prof. Dr. W. Fuchs, Aachen
Untersuchungen über absatzfreie Teeröle
1952, 32 Seiten, 5 Abb., 6 Tabellen, DM 10,—

HEFT 3
Techn.-Wissenschaftl. Büro für die Bastfaserindustrie, Bielefeld
Untersuchungsarbeiten zur Verbesserung des Leinenwebstuhls
1952, 44 Seiten, 7 Abb., 3 Tabellen, DM 12,50

HEFT 4
Prof. Dr. E. A. Müller und Dipl.-Ing. H. Spitzer, Dortmund
Untersuchungen über die Hitzebelastung in Hüttebetrieben
1952, 28 Seiten, 5 Abb., 1 Tabelle, DM 9,—

HEFT 5
Dipl.-Ing. W. Fister, Aachen
Prüfstand der Turbinenuntersuchungen
1952, 40 Seiten, 30 Abb., 3 Schaltbilder, DM 1,—

HEFT 6
Prof. Dr. W. Fuchs, Aachen
Untersuchungen über die Zusammensetzung und Verwendbarkeit von Schwelteerfraktionen
1952, 36 Seiten, DM 10.50

HEFT 7
Prof. Dr. W. Fuchs, Aachen
Untersuchungen über emsländisches Petrolatum
1952, 36 Seiten, 1 Abb., 17 Tabellen, DM 10,50

HEFT 8
M. E. Meffert und H. Stratmann, Essen
Algen-Großkulturen im Sommer 1951
1953, 52 Seiten, 4 Abb., 20 Tabellen, DM 9,75

HEFT 9
Techn.-Wissenschaftl. Büro für die Bastfaserindustrie, Bielefeld
Untersuchungen über die zweckmäßige Wicklungsart von Leinengarnkreuzspulen unter Berücksichtigung der Anwendung hoher Geschwindigkeiten des Garnes
Vorversuche für Zetteln und Schären von Leinengarnen auf Hochleistungsmaschinen
1952, 48 Seiten, 7 Abb., 7 Tabellen, DM 9,25

HEFT 10
Prof. Dr. W. Vogel, Köln
„Das Streifenpaar" als neues System zur mechanischen Vergrößerung kleiner Verschiebungen und seine technischen Anwendungsmöglichkeiten
1953, 20 Seiten, 6 Abb., DM 4,50

HEFT 11
Laboratorium für Werkzeugmaschinen und Betriebslehre, Technische Hochschule Aachen
1. Untersuchungen über Metallbearbeitung im Fräsvorgang mit Hartmetallwerkzeugen und negativem Spanwinkel
2. Weiterentwicklung des Schleifverfahrens für die Herstellung von Präzisionswerkstücken unter Vermeidung hoher Temperaturen
3. Untersuchungen von Oberflächenveredlungsverfahren zur Steigerung der Belastbarkeit hochbeanspruchter Bauteile
1953, 80 Seiten, 61 Abb., DM 15,75

HEFT 12
Elektrowärme-Institut, Langenberg (Rhld.)
Induktive Erwärmung mit Netzfrequenz
1952, 22 Seiten 6 Abb., DM 5,20

HEFT 13
Techn.-Wissenschaftl. Büro für die Bastfaserindustrie, Bielefeld
Das Naßspinnen von Bastfasergarnen mit chemischen Zusätzen zum Spinnbad
1953, 52 Seiten, 4 Abb., 19 Tabellen, DM 10,—

HEFT 14
Forschungsstelle für Acetylen, Dortmund
Untersuchungen über Aceton als Lösungsmittel für Acetylen
1952, 64 Seiten, 10 Abb., 26 Tabellen, DM 12,25

HEFT 15
Wäschereiforschung Krefeld
Trocknen von Wäschestoffen
1953, 48 Seiten, 14 Abb., 2 Tabellen, DM 9,—

HEFT 16
Max-Planck-Institut für Kohlenforschung, Mülheim a. d. Ruhr
Arbeiten des MPI für Kohlenforschung
1953, 104 Seiten, 9 Abb., DM 17,80

HEFT 17
Ingenieurbüro Herbert Stein, M.-Gladbach
Untersuchung der Verzugsvorgänge in den Streckwerken verschiedener Spinnereimaschinen. 1. Bericht: Vergleichende Prüfung mit verschiedenen Dickenmeßgeräten
1952, 36 Seiten, 15 Abb., DM 8,—

HEFT 18
Wäschereiforschung Krefeld
Grundlagen zur Erfassung der chemischen Schädigung beim Waschen
1953, 68 Seiten, 15 Abb., 15 Tabellen, DM 12,75

HEFT 19
Techn.-Wissenschaftl. Büro für die Bastfaserindustrie, Bielefeld
Die Auswirkung des Schlichtens von Leinengarnketten auf den Verarbeitungswirkungsgrad, sowie die Festigkeit und Dehnungsverhältnisse der Garne und Gewebe
1953, 48 Seiten, 1 Abb., 9 Tabellen, DM 9,—

HEFT 20
Techn.-Wissenschaftl. Büro für die Bastfaserindustrie, Bielefeld
Trocknung von Leinengarnen I
Vorgang und Einwirkung auf die Garnqualität
1953, 62 Seiten, 18 Abb., 5 Tabellen, DM 12,—

HEFT 21
Techn.-Wissenschaftl. Büro für die Bastfaserindustrie, Bielefeld
Trocknung von Leinengarnen II
Spulenanordnung und Luftführung beim Trocknen von Kreuzspulen
1953, 66 Seiten, 22 Abb., 9 Tabellen, DM 13,—

HEFT 22
Techn.-Wissenschaftl. Büro für die Bastfaserindustrie, Bielefeld
Die Reparaturanfälligkeit von Webstühlen
1953, 28 Seiten, 7 Abb., 5 Tabellen, DM 5,80

HEFT 23
Institut für Starkstromtechnik, Aachen
Rechnerische und experimentelle Untersuchungen zur Kenntnis der Metadyne als Umformer von konstanter Spannung auf konstanten Strom
1953, 52 Seiten, 20 Abb., 4 Tafeln, DM 9,75

HEFT 24
Institut für Starkstromtechnik, Aachen
Vergleich verschiedener Generator-Metadyne-Schaltungen in bezug auf statisches Verhalten
1952, 44 Seiten, 23 Abb., DM 8,50

HEFT 25
Gesellschaft für Kohlentechnik mbH., Dortmund-Eving
Struktur der Steinkohlen und Steinkohlen-Kokse
1953, 58 Seiten, DM 11,—

HEFT 26
Techn.-Wissenschaftl. Büro für die Bastfaserindustrie, Bielefeld
Vergleichende Untersuchungen zweier neuzeitlicher Ungleichmäßigkeitsprüfer für Bänder und Garne hinsichtlich ihrer Eignung für die Bastfaserspinnerei
1953, 64 Seiten, 30 Abb., DM 12,50

HEFT 27
Prof. Dr. E. Schratz, Münster
Untersuchungen zur Rentabilität des Arzneipflanzenanbaues Römische Kamille, Anthemis nobilis L.
1953, 16 Seiten, 1 Tabelle, DM 3,60

HEFT 28
Prof. Dr. E. Schratz, Münster
Calendula officinalis L. Studien zur Ernährung, Blütenfüllung und Rentabilität der Drogengewinnung
1953, 24 Seiten, 2 Abb., 3 Tabellen, DM 5,20

HEFT 29
Techn.-Wissenschaftl. Büro für die Bastfaserindustrie, Bielefeld
Die Ausnützung der Leinengarne in Geweben
1953, 100 Seiten, 14 Abb., 10 Tabellen, DM 17,80

HEFT 30
Gesellschaft für Kohlentechnik mbH., Dortmund-Eving
Kombinierte Entaschung und Verschwelung von Steinkohle; Aufarbeitung von Steinkohlenschlämmen zu verkokbarer oder verschwelbarer Kohle
1953, 56 Seiten, 16 Abb., 10 Tabellen, DM 10,50

HEFT 31
Dipl.-Ing. A. Stormanns, Essen
Messung des Leistungsbedarfs von Doppelsteg-Kettenförderern
1954, 54 Seiten, 18 Abb., 3 Anlagen, DM 11,—

HEFT 32
Techn.-Wissenschaftl. Büro für die Bastfaserindustrie, Bielefeld
Der Einfluß der Natriumchloridbleiche auf Qualität und Verwebbarkeit von Leinengarnen und die Eigenschaften der Leinengewebe unter besonderer Berücksichtigung des Einsatzes von Schützen- und Spulenwechselautomaten in der Leinenweberei
1953, 64 Seiten, 2 Abb., 12 Tabellen, DM 11,50

HEFT 33
Kohlenstoffbiologische Forschungsstation e. V.
Eine Methode zur Bestimmung von Schwefeldioxyd und Schwefelwasserstoff in Rauchgasen und in der Atmosphäre
1953, 32 Seiten, 8 Abb., 3 Tabellen, DM 6.50

HEFT 34
Textilforschungsanstalt Krefeld
Quellungs- und Entquellungsvorgänge bei Faserstoffen
1953, 52 Seiten, 13 Abb., 13 Tabellen, DM 9,80

WESTDEUTSCHER VERLAG · KÖLN UND OPLADEN

HEFT 35
Professor Dr. W. Kast, Krefeld
Feinstrukturuntersuchungen an künstlichen Zellulosefasern verschiedener Herstellungsverfahren.
Teil I: Der Orientierungszustand
1953, 74 Seiten, 30 Abb., 7 Tabellen, DM 13,80

HEFT 36
Forschungsinstitut der feuerfesten Industrie, Bonn
Untersuchungen über die Trocknung von Rohton
Untersuchungen über die chemische Reinigung von Silika- und Schamotte-Rohstoffen mit chlorhaltigen Gasen
1953, 60 Seiten, 5 Abb., 5 Tabellen, DM 11,—

HEFT 37
Forschungsinstitut der feuerfesten Industrie, Bonn
Untersuchungen über den Einfluß der Probenvorbereitung auf die Kaltdruckfestigkeit feuerfester Steine
1953, 40 Seiten, 2 Abb., 5 Tabellen, DM 7,80

HEFT 38
Forschungsstelle für Acetylen, Dortmund
Untersuchungen über die Trocknung von Acetylen zur Herstellung von Dissousgas
1953, 36 Seiten, 11 Abb., 3 Tabellen, DM 6,80

HEFT 39
Forschungsgesellschaft Blechverarbeitung e. V., Düsseldorf
Untersuchungen an prägegemusterten und vorgelochten Blechen
1953, 46 Seiten, 34 Abb., DM 9,50

HEFT 40
Landesgeologe Dr.-Ing. W. Wolff, Amt für Bodenforschung, Krefeld
Untersuchungen über die Anwendbarkeit geophysikalischer Verfahren zur Untersuchung von Spateisengängen im Siegerland
1953, 46 Seiten, 8 Abb., DM 8,80

HEFT 41
Techn.-Wissenschaftl. Büro für die Bastfaserindustrie, Bielefeld
Untersuchungsarbeiten zur Verbesserung des Leinenwebstuhles II
1953, 40 Seiten, 4 Abb., 5 Tabellen, DM 7,80

HEFT 42
Professor Dr. B. Helferich, Bonn
Untersuchungen über Wirkstoffe — Fermente — in der Kartoffel und die Möglichkeit ihrer Verwendung
1953, 58 Seiten, 9 Abb., DM 11,—

HEFT 43
Forschungsgesellschaft Blechverarbeitung e. V., Düsseldorf
Forschungsergebnisse über das Beizen von Blechen
1953, 48 Seiten, 38 Abb., 2 Tabellen, DM 11,30

HEFT 44
Arbeitsgemeinschaft für praktische Dehnungsmessung, Düsseldorf
Eigenschaften und Anwendungen von Dehnungsmeßstreifen
1953, 68 Seiten, 43 Abb., 2 Tabellen, DM 13,70

HEFT 45
Losenhausenwerk Düsseldorfer Maschinenbau AG., Düsseldorf
Untersuchungen von störenden Einflüssen auf die Lastgrenzenanzeige von Dauerschwingprüfmaschinen
1953, 36 Seiten, 11 Abb., 3 Tabellen, DM 7,25

HEFT 46
Prof. Dr. W. Fuchs, Aachen
Untersuchungen über die Aufbereitung von Wasser für die Dampferzeugung in Benson-Kesseln
1953, 58 Seiten, 18 Abb., 9 Tabellen, DM 11,20

HEFT 47
Prof. Dr.-Ing. K. Krekeler, Aachen
Versuche über die Anwendung der induktiven Erwärmung zum Sintern von hochschmelzenden Metallen sowie zur Anlegierung und Vergütung von aufgespritzten Metallschichten mit dem Grundwerkstoff
1954, 66 Seiten, 39 Abb., DM 13,90

HEFT 48
Max-Planck-Institut für Eisenforschung, Düsseldorf
Spektrochemische Analyse der Gefügebestandteile in Stählen nach ihrer Isolierung
1953, 38 Seiten, 8 Abb., 5 Tabellen, DM 7,80

HEFT 49
Max-Planck-Institut für Eisenforschung, Düsseldorf
Untersuchungen über Ablauf der Desoxydation und die Bildung von Einschlüssen in Stählen
1953, 52 Seiten, 19 Abb., 3 Tabellen, DM 12,40

HEFT 50
Max-Planck-Institut für Eisenforschung, Düsseldorf
Flammenspektralanalytische Untersuchung der Ferritzusammensetzung in Stählen
1953, 44 Seiten, 15 Abb., 4 Tabellen, DM 8,60

HEFT 51
Verein zur Förderung von Forschungs- und Entwicklungsarbeiten in der Werkzeugindustrie e. V., Remscheid
Untersuchungen an Kreissägeblättern für Holz, Fehler- und Spannungsprüfverfahren
1953, 50 Seiten, 23 Abb., DM 10,—

HEFT 52
Forschungsstelle für Acetylen, Dortmund
Untersuchungen über den Umsatz bei der explosiblen Zersetzung von Azetylen
a) Zersetzung von gasförmigem Azetylen
b) Zersetzung von an Silikagel adsorbiertem Azetylen
1954, 48 Seiten, 8 Abb., 10 Tabellen, DM 9,25

HEFT 53
Professor Dr.-Ing. H. Opitz, Aachen
Reibwert und Verschleißmessungen an Kunststoffgleitführungen für Werkzeugmaschinen
1954, 38 Seiten, 18 Abb., DM 8,20

HEFT 54
Professor Dr.-Ing. F. A. F. Schmidt, Aachen
Schaffung von Grundlagen für die Erhöhung der spez. Leistung und Herabsetzung des spez. Brennstoffverbrauches bei Ottomotoren mit Teilbericht über Arbeiten an einem neuen Einspritzverfahren
1954, 34 Seiten, 15 Abb., DM 7,40

HEFT 55
Forschungsgesellschaft Blechverarbeitung e. V. Düsseldorf
Chemisches Glänzen von Messing und Neusilber
1954, 50 Seiten, 21 Abb., 1 Tabelle, DM 10,20

HEFT 56
Forschungsgesellschaft Blechverarbeitung e. V., Düsseldorf
Untersuchungen über einige Probleme der Behandlung von Blechoberflächen
1954, 52 Seiten, 42 Abb., DM 11,20

HEFT 57
Prof. Dr.-Ing. F. A. F. Schmidt, Aachen
Untersuchungen zur Erforschung des Einflusses des chemischen Aufbaues des Kraftstoffes auf sein Verhalten im Motor und in Brennkammern von Gasturbinen
1954, 70 Seiten, 32 Abb., DM 14,60

HEFT 58
Gesellschaft für Kohlentechnik mbH., Dortmund
Herstellung und Untersuchung von Steinkohlenschwelteer
1954, 74 Seiten, 9 Abb., 9 Tabellen, DM 13,75

HEFT 59
Forschungsinstitut der Feuerfest-Industrie e. V., Bonn
Ein Schnellanalysenverfahren zur Bestimmung von Aluminiumoxyd, Eisenoxyd und Titanoxyd in feuerfestem Material mittels organischer Farbreagenzien auf photometrischem Wege
Untersuchungen des Alkali-Gehaltes feuerfester Stoffe mit dem Flammenphotometer nach Riehm-Lange
1954, 62 Seiten, 12 Abb., 3 Tabellen, DM 11,60

HEFT 60
Forschungsgesellschaft Blechverarbeitung e. V., Düsseldorf
Untersuchungen über das Spritzlackieren im elektrostatischen Hochspannungsfeld
1954, 82 Seiten, 53 Abb., 7 Tabellen, DM 17,—

HEFT 61
Verein zur Förderung von Forschungs- und Entwicklungsarbeiten in der Werkzeugindustrie e. V., Remscheid
Schwingungs- und Arbeitsverhalten von Kreissägeblättern für Holz
1954, 54 Seiten, 31 Abb., DM 11,40

HEFT 62
Professor Dr. W. Franz, Institut für theoretische Physik der Universität Münster
Berechnung des elektrischen Durchschlags durch feste und flüssige Isolatoren
1954, 36 Seiten, DM 7,—

HEFT 63
Textilforschungsanstalt Krefeld
Neue Methoden zur Untersuchung der Wirkungsweise von Textilhilfsmitteln
Untersuchungen über Schlichtungs- und Entschlichtungsvorgänge
1954, 34 Seiten, 1 Abb., 5 Tabellen, DM 6,80

HEFT 64
Textilforschungsanstalt Krefeld
Die Kettenlängenverteilung von hochpolymeren Faserstoffen
Über die fraktionierte Fällung von Polyamiden
1954, 44 Seiten, 13 Abb., DM 8,60

HEFT 65
Fachverband Schneidwarenindustrie, Solingen
Untersuchungen über das elektrolytische Polieren von Tafelmesserklingen aus rostfreiem Stahl
1954, 90 Seiten, 38 Abb., 9 Tabellen, DM 17,35

HEFT 66
Dr.-Ing. P. Füsgen VDI †, Düsseldorf
Untersuchungen über das Auftreten des Ratterns bei selbsthemmenden Schneckengetrieben und seine Verhütung
1954, 32 Seiten, 5 Abb., DM 6,60

HEFT 67
Heinrich Wösthoff o. H. G., Apparatebau, Bochum
Entwicklung einer chemisch-physikalischen Apparatur zur Bestimmung kleinster Kohlenoxyd-Konzentrationen
1954, 94 Seiten, 48 Abb., 2 Tabellen, DM 18,25

HEFT 68
Kohlenstoffbiologische Forschungsstation e. V., Essen
Algengroßkulturen im Sommer 1952
II. Über die unsterile Großkultur von Scenedesmus obliquus
1954, 62 Seiten, 3 Abb., 29 Tabellen, DM 11,40

HEFT 69
Wäschereiforschung Krefeld
Bestimmung des Faserabbaues bei Leinen unter besonderer Berücksichtigung der Leinengarnbleiche
1954, 48 Seiten, 15 Abb., 3 Tabellen, DM 9,60

HEFT 70
Wäschereiforschung Krefeld
Trocknen von Wäschestoffen
1954, 52 Seiten, 18 Abb., 3 Tabellen, DM 10,—

HEFT 71
Prof. Dr.-Ing. K. Leist, Aachen
Kleingasturbinen, insbesondere zum Fahrzeugantrieb
1954, 114 Seiten, 85 Abb., DM 22,—

HEFT 72
Prof. Dr.-Ing. K. Leist, Aachen
Beitrag zur Untersuchung von stehenden geraden Turbinengittern mit Hilfe von Druckverteilungsmessungen
1954, 152 Seiten, 111 Abb., DM 36,20

HEFT 73
Prof. Dr.-Ing. K. Leist, Aachen
Spannungsoptische Untersuchungen von Turbinenschaufelfüßen
1954, 66 Seiten, 46 Abb., 2 Tabellen, DM 14,60

HEFT 74
Max-Planck-Institut für Eisenforschung, Düsseldorf
Versuche zur Klärung des Umwandlungsverhaltens eines sonderkarbidbildenden Chromstahls
1954, 58 Seiten, 10 Abb., DM 14,—

HEFT 75
Max-Planck-Institut für Eisenforschung, Düsseldorf
Zeit-Temperatur-Umwandlungs-Schaubilder als Grundlage der Wärmebehandlung der Stähle
1954, 44 Seiten, 13 Abb., DM 8,70

HEFT 76
Max-Planck-Institut für Arbeitsphysiologie, Dortmund
Arbeitstechnische und arbeitsphysiologische Rationalisierung von Mauersteinen
1954, 52 Seiten, 12 Abb., 3 Tabellen, DM 10,20

HEFT 77
Meteor Apparatebau Paul Schmeck GmbH., Siegen
Entwicklung von Leuchtstoffröhren hoher Leistung
1954, 46 Seiten, 12 Abb., 2 Tabellen, DM 9,15

HEFT 78
Forschungsstelle für Acetylen, Dortmund
Über die Zustandsgleichung des gasförmigen Acetylens und das Gleichgewicht Acetylen — Aceton
1954, 42 Seiten, 3 Abb., 8 Tabellen, DM 8,—

HEFT 79
Techn.-Wissenschaftl. Büro für die Bastfaserindustrie, Bielefeld
Trocknung von Leinengarnen III
Spinnspulen- und Spinnkopstrocknung
Vorgang und Einwirkung auf die Garnqualität
1954, 74 Seiten, 18 Abb., 10 Tabellen, DM 14,—

WESTDEUTSCHER VERLAG · KÖLN UND OPLADEN

HEFT 80
Techn.-Wissenschaftl. Büro für die Bastfaserindustrie, Bielefeld
Die Verarbeitung von Leinengarn auf Webstühlen mit und ohne Oberbau
1954, 30 Seiten, 2 Abb., 2 Tabellen, DM 6,—

HEFT 81
Prüf- und Forschungsinstitut für Ziegeleierzeugnisse, Essen-Kray
Die Einführung des großformatigen Einheits-Gitterziegels im Lande Nordrhein-Westfalen
1954, 54 Seiten, 2 Abb., 2 Tabellen, DM 10,—

HEFT 82
Vereinigte Aluminium-Werke AG., Bonn
Forschungsarbeiten auf dem Gebiet der Veredelung von Aluminium-Oberflächen
1954, 46 Seiten, 34 Abb., DM 9,60

HEFT 83
Prof. Dr. S. Strugger, Münster
Über die Struktur der Proplastiden
1954, 30 Seiten, 15 Abb., DM 8,40

HEFT 84
Dr. H. Baron, Düsseldorf
Über Standardisierung von Wundtextilien
1954, 32 Seiten, DM 6,40

HEFT 85
Textilforschungsanstalt Krefeld
Physikalische Untersuchungen an Fasern, Fäden, Garnen und Geweben:
Untersuchungen am Knickscheuergerät nach Weltzien
1954, 40 Seiten, 11 Abb., 8 Tabellen, DM 10,—

HEFT 86
Prof. Dr.-Ing. H. Opitz, Aachen
Untersuchungen über das Fräsen von Baustahl sowie über den Einfluß des Gefüges auf die Zerspanbarkeit
1954, 108 Seiten, 73 Abb., 7 Tabellen, DM 22,—

HEFT 87
Gemeinschaftsausschuß Verzinken, Düsseldorf
Untersuchungen über Güte von Verzinkungen
1954, 68 Seiten, 56 Abb., 3 Tabellen, DM 15,30

HEFT 88
Gesellschaft für Kohlentechnik mbH., Dortmund-Eving
Oxydation von Steinkohle mit Salpetersäure
1954, 62 Seiten, 2 Abb., 1 Tabelle, DM 11,50

HEFT 89
Verein Deutscher Ingenieure, Gleitlagerforschung, Düsseldorf
und Prof. Dr.-Ing. G. Vogelpohl, Göttingen
Versuche mit Preßstoff-Lagern für Walzwerke
1954, 70 Seiten, 34 Abb., DM 14,10

HEFT 90
Forschungs-Institut der Feuerfest-Industrie, Bonn
Das Verhalten von Silikasteinen im Siemens-Martin-Ofengewölbe
1954, 62 Seiten, 15 Abb., 11 Tabellen, DM 11,90

HEFT 91
Forschungs-Institut der Feuerfest-Industrie, Bonn
Untersuchungen des Zusammenhangs zwischen Leistung und Kohlenverbrauch von Kammeröfen zum Brennen von feuerfesten Materialien
1954, 42 Seiten, 6 Abb., DM 8,30

HEFT 92
Techn.-Wissenschaftl. Büro für die Bastfaserindustrie, Bielefeld
und Laboratorium für textile Meßtechnik, M.-Gladbach
Messungen von Vorgängen am Webstuhl
1954, 76 Seiten, 45 Abb., DM 15,50

HEFT 93
Prof. Dr. W. Kast, Krefeld
Spinnversuche zur Strukturerfassung künstlicher Zellulosefasern
1954, 82 Seiten, 39 Abb., 6 Tabellen, DM 16,—

HEFT 94
Prof. Dr. G. Winter, Bonn
Die Heilpflanzen des MATTHIOLUS (1611) gegen Infektionen der Harnwege und Verunreinigung der Wunden bzw. zur Förderung der Wundheilung im Lichte der Antibiotikaforschung
1954, 58 Seiten, 1 Abb., 2 Tabellen, DM 11,50

HEFT 95
Prof. Dr. G. Winter, Bonn
Untersuchungen über die flüchtigen Antibiotika aus der Kapuziner- (Tropaeolum maius) und Gartenkresse (Lepidium sativum) und ihr Verhalten im menschlichen Körper bei Aufnahme von Kapuziner- bzw. Gartenkressensalat per os
1955, 74 Seiten, 9 Abb., 25 Tabellen, DM 14,—

HEFT 96
Dr.-Ing. P. Koch, Dortmund
Austritt von Exoelektronen aus Metalloberflächen unter Berücksichtigung der Verwendung des Effektes für die Materialprüfung
1954, 34 Seiten, 13 Abb., DM 7,—

HEFT 97
Ing. H. Stein, Laboratorium für textile Meßtechnik, M.-Gladbach
Untersuchung der Verzugsvorgänge an den Streckwerken verschiedener Spinnereimaschinen
2. Bericht: Ermittlung der Haft-Gleiteigenschaften von Faserbändern und Vorgarnen
1955, 98 Seiten, 54 Abb., DM 21,—

HEFT 98
Fachverband Gesenkschmieden, Hagen
Die Arbeitsgenauigkeit beim Gesenkschmieden unter Hämmern
1955, 132 Seiten, 55 Abb., 9 Tabellen, DM 24,75

HEFT 99
Prof. Dr.-Ing. G. Garbotz, Aachen
Der Kraft- und Arbeitsaufwand sowie die Leistungen beim Biegen von Bewehrungsstählen in Abhängigkeit von den Abmessungen, den Formen und der Güte der Stähle (Ermittlung von Leistungsrichtlinien)
1955, 136 Seiten, 53 Abb., 3 Anlagen, 18 Tabellen, DM 30,—

HEFT 100
Prof. Dr.-Ing. H. Opitz, Aachen
Untersuchungen von elektrischen Antrieben, Steuerungen und Regelungen an Werkzeugmaschinen
1955, 166 Seiten, 71 Abb., 3 Tabellen, DM 31,30

HEFT 101
Prof. Dr.-Ing. H. Opitz, Aachen
Wirtschaftlichkeitsbetrachtungen beim Außenrundschleifen
1955, 100 Seiten, 56 Abb., 3 Tabellen, DM 19,30

HEFT 102
Dr. P. Hölemann, Ing. R. Hasselmann und Ing. G. Dix, Dortmund
Untersuchungen über die thermische Zündung von explosiblen Acetylenzersetzungen in Kapillaren
1954, 44 Seiten, 5 Abb., 4 Tabellen, DM 8,60

HEFT 103
Prof. Dr. W. Weizel, Bonn
Durchführung von experimentellen Untersuchungen über den zeitlichen Ablauf von Funken in komprimierten Edelgasen sowie zu deren mathematischen Berechnung
1955, 46 Seiten, 12 Abb., DM 9,10

HEFT 104
Prof. Dr. W. Weizel, Bonn
Über den Einfluß der Elektroden auf die Eigenschaften von Cadmium-Sulfid-Widerstands-Photozellen
1955, 48 Seiten, 12 Abb., DM 9,45

HEFT 105
Dr.-Ing. R. Meldau, Harsewinkel/Westf.
Auswertung von Gekörn — Analysen des Musterstaubes „Flugasche Fortuna I"
1955, 42 Seiten, 14 Abb., DM 8,50

HEFT 106
ORR. Dr.-Ing. W. Küch, Dortmund
Untersuchungen über die Einwirkung von feuchtigkeitsgesättigter Luft auf die Festigkeit von Leimverbindungen
1954, 60 Seiten, 10 Abb., 6 Tabellen, DM 11,40

HEFT 107
Prof. Dr. H. Lange und Dipl.-Phys. P. St. Pütter, Köln
Über die Konstruktion von Laboratoriumsmagneten
1955, 66 Seiten, 19 Abb., 1 Tabelle, DM 12,30

HEFT 108
Prof. Dr. W. Fuchs, Aachen
Untersuchungen über neue Beizmethoden und Beizabwässer
I. Die Entzunderung von Drähten mit Natriumhydrid
II. Die Aufbereitung von Beizabwässern
1955, 82 Seiten, 15 Abb., 14 Tabellen, 1 Falttafel, DM 15,25

HEFT 109
Dr. P. Hölemann und Ing. R. Hasselmann, Dortmund
Untersuchungen über die Löslichkeit von Azetylen in verschiedenen organischen Lösungsmitteln
1954, 42 Seiten, 10 Abb., 8 Tabellen, DM 8,30

HEFT 110
Dr. P. Hölemann und Ing. R. Hasselmann, Dortmund
Untersuchungen über den Druckverlauf bei der explosiblen Zersetzung von gasförmigem Azetylen
1955, 54 Seiten, 10 Abb., 5 Tabellen, DM 11,—

HEFT 111
Fachverband Steinzeugindustrie, Köln
Die Entwicklung eines Gerätes zur Beschickung seitlicher Feuer von Steinzeug-Einzelkammeröfen mit festen Brennstoffen
1955, 46 Seiten, 16 Abb., DM 9,40

HEFT 112
Prof. Dr.-Ing. H. Opitz, Aachen
Verschleißmessungen beim Drehen mit aktivierten Hartmetallwerkzeugen
1954, 44 Seiten, 17 Abb., 6 Tabellen, DM 8,80

HEFT 113
Prof. Dr. O. Graf, Dortmund
Erforschung der geistigen Ermüdung und nervösen Belastung: Studien über die vegetative 24-Stunden-Rhythmik in Ruhe und unter Belastung
1955, 40 Seiten, 12 Abb., DM 8,20

HEFT 114
Prof. Dr. O. Graf, Dortmund
Studien über Fließarbeitsprobleme an einer praxisnahen Experimentieranlage
1954, 34 Seiten, 6 Abb., DM 7,—

HEFT 115
Prof. Dr. O. Graf, Dortmund
Studium über Arbeitspausen in Betrieben bei freier und zeitgebundener Arbeit (Fließarbeit) und ihre Auswirkung auf die Leistungsfähigkeit
1955, 50 Seiten, 13 Abb., 2 Tabellen, DM 9,80

HEFT 116
Prof. Dr.-Ing. E. Siebel und Dr.-Ing. H. Weiss, Stuttgart
Untersuchungen an einigen Problemen des Tiefziehens — I. Teil
1955, 74 Seiten, 50 Abb., 5 Tabellen, DM 14,50

HEFT 117
Dr.-Ing. H. Beißwänger, Stuttgart, und Dr.-Ing. S. Schwandt, Trier
Untersuchungen an einigen Problemen des Tiefziehens — II. Teil
1955, 92 Seiten, 34 Abb., 8 Tabellen, DM 17,70

HEFT 118
Prof. Dr. E. A. Müller und Dr. H. G. Wenzel, Dortmund
Neuartige Klima-Anlage zur Erzeugung ungleicher Luft- und Strahlungstemperaturen in einem Versuchsraum
1955, 68 Seiten, 10 z. T. mehrfarb. Abb., DM 14,—

HEFT 119
Dr.-Ing. O. Viertel, Krefeld
Wäscherei- und energietechnische Untersuchung einer Gemeinschafts-Waschanlage
1955, 50 Seiten, 18 Abb., DM 10,20

HEFT 120
Dipl.-Ing. A. Weisbecker, Lüdenscheid
Über Anfressungen an Reinaluminium-Schweißnähten bei der elektrolytischen Oxydation
Gebr. Hörstermann GmbH., Velbert
Entwicklung und Erprobung eines neuartigen Gummibandförderers
1955, 46 Seiten, 18 Abb., DM 9,70

HEFT 121
Dr. H. Krebs, Bonn
I. Die Struktur und die Eigenschaften der Halbmetalle
II. Die Bestimmung der Atomverteilung in amorphen Substanzen
III. Die chemische Bindung in anorganischen Festkörpern und das Entstehen metallischer Eigenschaften
1955, 124 Seiten, 36 Abb., 13 Tabellen, DM 22,90

HEFT 122
Prof. Dr. W. Fuchs, Aachen
Untersuchungen zur Verbesserung der Wasseraufbereitung und Wasseranalyse:
Über die Schnellbewertung von Ionenaustauscher
1955, 62 Seiten, 32 Abb., DM 12,30

HEFT 123
Dipl.-Ing. J. Emondts, Aachen
Über Bodenverformung bei stark gestörtem und mächtigem, wasserführendem Deckgebirge im Aachener Steinkohlengebiet
1955, 196 Seiten, 37 Abb., 10 Tabellen, DM 28,80

HEFT 124
Prof. Dr. R. Seyffert, Köln
Wege und Kosten der Distribution der Hausratwaren im Lande Nordrhein-Westfalen
1955, 74 Seiten, 25 Tabellen, DM 9,—

WESTDEUTSCHER VERLAG · KÖLN UND OPLADEN

HEFT 125
Prof. Dr. E. Kappler, Münster
Eine neue Methode zur Bestimmung von Kondensations-Koeffizienten von Wasser
1955, 46 Seiten, 11 Abb., 1 Tabelle, DM 9,10

HEFT 126
Prof. Dr.-Ing. J. Mathieu, Aachen
Arbeitszeitvergleich
Grundlagen, Methodik u. praktische Durchführung
1955, 70 Seiten, DM 13,—

HEFT 127
Güteschutz Betonstein e. V., Arbeitskreis Nordrhein-Westfalen, Dortmund
Die Betonwaren-Gütesicherung im Lande Nordrhein-Westfalen
1955, 58 Seiten, 15 Abb., 3 Tabellen, DM 11,50

HEFT 128
Prof. Dr. O. Schmitz-DuMont, Bonn
Untersuchungen über Reaktionen in flüssigem Ammoniak
1955, 96 Seiten, 11 Abb., 6 Tabellen, DM 17,75

HEFT 129
Prof. Dr.-Ing. J. Mathieu und Dr. C. A. Roos, Aachen
Die Anlernung von Industriearbeitern
I. Ergebnisse einer grundsätzlichen Untersuchung der gegenwärtigen Industriearbeiter-Kurzanlernung
1955, 106 Seiten, DM 19,70

HEFT 130
Prof. Dr.-Ing. J. Mathieu und Dr. C. A. Roos, Aachen
Die Anlernung von Industriearbeitern
II. Beiträge zur Methodenfrage der Kurzanlernung
1955, 108 Seiten, DM 19,90

HEFT 131
Dr. W. Hoerburger, Köln
Versuche zur Biosynthese von Eiweiß aus Kohlenwasserstoff
1955, 34 Seiten, 2 Abb., DM 6,90

HEFT 132
Prof. Dr. W. Seith, Münster
Über Diffusionserscheinungen in festen Metallen
1955, 42 Seiten, 19 Abb., 4 Tabellen, DM 9,10

HEFT 133
Prof. Dr. E. Jenckel, Aachen
Über einen für Schwermetalle selektiven Ionenaustauscher
1955, 48 Seiten, 8 Abb., 13 Tabellen, DM 9,50

HEFT 134
Prof. Dr.-Ing. H. Winterhager, Aachen
Über die elektrochemischen Grundlagen der Schmelzfluß-Elektrolyse von Bleisulfid in geschmolzenen Mischungen mit Bleichlorid
1955, 54 Seiten, 20 Abb., 5 Tabellen, DM 11,80

HEFT 135
Prof. Dr.-Ing. K. Krekeler und Dr.-Ing. H. Peukert, Aachen
Die Änderung der mechanischen Eigenschaften thermoplastischer Kunststoffe durch Warmrecken
1955, 54 Seiten, 27 Abb., DM 11,10

HEFT 136
Dipl.-Phys. P. Pilz, Remscheid
Über spezielle Probleme der Zerkleinerungstechnik von Weichstoffen
1955, 58 Seiten, 19 Abb., 2 Tabellen, DM 11,50

HEFT 137
Prof. Dr. W. Baumeister, Münster
Beiträge zur Mineralstoffernährung der Pflanzen
1955, 64 Seiten, 6 Tabellen, DM 11,80

HEFT 138
Dr. P. Hölemann und Ing. R. Hasselmann, Dortmund
Untersuchungen über die Zersetzungswärme von gasförmigem und in Azeton gelöstem Azetylen
1955, 54 Seiten, 8 Abb., 7 Tabellen, DM 10,40

HEFT 139
Prof. Dr. W. Fuchs, Aachen
Studien über die thermische Zersetzung der Kohle und die Kohlendestillatprodukte
1955, 64 Seiten, 20 Abb., 22 Tabellen, DM 11,80

HEFT 140
Dr.-Ing. G. Hausberg, Essen
Modellversuche an Zyklonen
1955, 78 Seiten, 24 Abb., DM 15,70

HEFT 141
Dr. J. van Calker und Dr. R. Wienecke, Münster
Untersuchungen über den Einfluß dritter Analysenpartner auf die spektrochemische Analyse
1955, 42 Seiten, 15 Abb., DM 9,10

HEFT 142
Dipl.-Ing. G. M. F. Wiebel, Hannover, A. Konermann und A. Ottenheym, Sennelager
Entwicklung eines Kalksandleichtsteines
1955, 38 Seiten, 4 Abb., DM 8,—

HEFT 143
Prof. Dr. F. Wever, Dr. A. Rose und Dipl.-Ing. W. Straßburg, Düsseldorf
Härtbarkeit u. Umwandlungsverhalten der Stähle
1955, 50 Seiten, 12 Abb., 3 Tabellen, DM 10,70

HEFT 144
Prof. Dr. H. Wurmbach, Bonn
Steuerung von Wachstum und Formbildung
1955, 48 Seiten, 19 Abb., DM 10,30

HEFT 145
Dr. G. Hennemann, Werdohl (Westf.)
Beitrag zur Interpretation der modernen Atomphysik
1955, 34 Seiten, DM 10,—

HEFT 146
Dr.-Ing. F. Gruß, Düsseldorf
Sterilisation mit Heißluft
1955, 34 Seiten, 10 Abb., DM 7.70

HEFT 147
Dr.-Ing. W. Rudisch, Unna
Untersuchung einer drehelastischen Elektromagnet-Synchronkupplung
1955, 82 Seiten, 65 Abb., DM 17,70

HEFT 148
Prof. Dr. H. Bittel u. Dipl.-Phys. L. Storm, Münster
Untersuchungen über Widerstandsrauschen
1955, 40 Seiten, 5 Abb., DM 8,40

HEFT 149
Dipl.-Ing. K. Konopicky und Dipl.-Chem. P. Kampa, Bonn
I. Beitrag zur flammenphotometrischen Bestimmung des Calciums.
Dr.-Ing. K. Konopicky, Bonn
II. Die Wanderung von Schlackenbestandteilen in feuerfesten Baustoffen
1955, 54 Seiten, 10 Abb., 5 Tabellen, DM 11,—

HEFT 150
Prof. Dr.-Ing. O. Kienzle und Dipl.-Ing. W. Timmerbeil, Hannover
Das Durchziehen enger Kragen an ebenen Fein- und Mittelblechen
1955, 52 Seiten, 20 Abb., 8 Tabellen, DM 11,30

HEFT 151
Dipl.-Ing. P. Karabasch, Aachen
Feststellung des optimalen Gasgehaltes von Bronzen zur Erzielung druckdichter Gußstücke
in Vorbereitung

HEFT 152
Dipl.-Ing. G. Müller, Köln
Ermittlung der Laufeigenschaften (Vergießbarkeit) von Bronze und Rotguß mittels der Schneider-Gießspirale
1955, 60 Seiten, 33 Abb., DM 13,30

HEFT 153
Prof. Dr. F. Wever, Dr.-Ing. W. A. Fischer und Dipl.-Ing. J. Engelbrecht, Düsseldorf
I. Die Reduktion sauerstoffhaltiger Eisenschmelzen im Hochvakuum mit Wasserstoff und Kohlenstoff
II. Einfluß geringer Sauerstoffgehalte auf das Gefüge und Alterungsverhalten von Reineisen
1955, 54 Seiten, 15 Abb., 2 Tabellen, DM 12,40

HEFT 154
Prof. Dr.-Ing. P. Bardenheuer und Dr.-Ing. W. A. Fischer, Düsseldorf
Die Verschlackung von Titan aus Stahlschmelzen im sauren und basischen Hochfrequenzofen unter verschiedenen Schlacken
1955, 36 Seiten, 10 Abb., 1 Tabelle, DM 7,95

HEFT 155
Dipl.-Phys. K. H. Schirmer, München
Die auf Grau abgestimmte Farbwiedergabe im Dreifarbenbuchdruck
1955, 46 Seiten, 17 Abb., 2 Farbtafeln, DM. 10,—

HEFT 156
Prof. Dr.-Ing. B. von Borries und Mitarbeiter, Düsseldorf
Die Entwicklung regelbarer permanentmagnetischer Elektronenlinsen hoher Brechkraft und eines mit ihnen ausgerüsteten Elektronenmikroskopes neuer Bauart
in Vorbereitung

HEFT 157
Dr. W. Jawtusch, Dr. G. Schuster und Prof. Dr.-Ing. R. Jaeckel, Bonn
Untersuchungen über die Stoßvorgänge zwischen neutralen Atomen und Molekülen
1955, 48 Seiten, 15 Abb., 3 Tabellen, DM 10,50

HEFT 158
Dipl.-Ing. W. Rosenkranz, Meinerzhagen
Ein Beitrag zum Problem der Spannungskorrosion bei Preßprofilen und Preßteilen aus Aluminium-Legierungen
in Vorbereitung

HEFT 159
Dr.-Ing. O. Viertel und O. Oldenroth, Krefeld
Das Bleichen von Weißwäsche mit Wasserstoffsuperoxyd bzw. Natriumhypochlorit beim maschinellen Waschen
1955, 54 Seiten, 23 Abb., 2 Tabellen, DM 11,45

HEFT 160
Prof. Dr. W. Klemm, Münster
Über neue Sauerstoff- und Fluor-haltige Komplexe
1955, 50 Seiten, 13 Abb., 7 Tabellen, DM 10,80

HEFT 161
Prof. Dr. W. Weltzien und Dr. G. Hauschild, Krefeld
Über Silikone und ihre Anwendung in der Textilveredlung
1955, 162 Seiten, 22 Abb., 10 Tabellen, DM 27,—

HEFT 162
Prof. Dr. F. Wever, Prof. Dr. A. Kochendörfer und Dr.-Ing. Chr. Rohrbach, Düsseldorf
Kennzeichnung der Sprödbruchneigung von Stählen durch Messung der Fließspannung, Reißspannung und Brucheinschnürung an dreiachsig beanspruchten Proben
1955, 58 Seiten, 26 Abb., DM 13,—

HEFT 163
Dipl.-Ing. W. Rohs und Text.-Ing. H. Griese, Bielefeld
Untersuchungsarbeiten zur Verbesserung des Leinenwebstuhls III
1955, 80 Seiten, 15 Abb., 18 Tabellen, DM 15,80

HEFT 164
Dr.-Ing. H. Schmachtenberg, Köln
Neuartige Prüfeinrichtungen für Kraftfahrzeuge
1955, 44 Seiten, 23 Abb., DM 9,60

HEFT 165
Dr.-Ing. W. Wilhelm, Aachen
Instationäre Gasströmung im Auspuffsystem eines Zweitaktmotors
1955, 62 Seiten, 31 Abb., 8 Tabellen, DM 13,60

HEFT 166
Prof. Dr. M. v. Stackelberg, Dr. H. Heindze, Dr. H. Hübchen und Dr. K. H. Frangen, Bonn
Kolloidchemische Untersuchungen
1955, 106 Seiten, 8 Abb., 13 Tabellen, DM 21,25

HEFT 167
Prof. Dr.-Ing. F. Schuster, Essen
I. Über die Heißkarburierung von Brenngasen mit Ölen und Teeren
II. Die Strahlungsvorgänge in brennstoffbeheizten Öfen bei verschiedenen Verbrennungsatmosphären
1955, 38 Seiten, 8 Abb., DM 8,30

HEFT 168
Prof. Dr.-Ing. F. Schuster, Essen
I. Luftvorwärmung an Gasfeuerungen
II. Heizwerthöhe von Brenngasen und Wirkungsgrad sowie Gasverbrauch bei der Gasverwendung
III. Sauerstoffangereicherte Luft und feuerungstechnische Kenngrößen von Brenngasen
1955, 60 Seiten, 18 Abb., DM 12,50

HEFT 169
Forschungsinstitut für Pigmente und Lacke, Stuttgart
Arbeiten über die Bestimmung des Gebrauchswertes von Lackfilmen durch physikalische Prüfungen
1955, 70 Seiten, 23 Abb., 4 Tabellen, DM 15,—

HEFT 170
Prof. Dr. F. Wever, Dr. A. Rose und Dipl.-Ing. L. Rademacher, Düsseldorf
Anwendung der Umwandlungsschaubilder auf Fragen der Werkstoffauswahl beim Schweißen und Flammhärten
1955, 64 Seiten, 25 Abb., DM 13,70

WESTDEUTSCHER VERLAG · KÖLN UND OPLADEN

HEFT 171
Wäschereiforschung Krefeld
Untersuchung der Wäscheentwässerung mit Hilfe von Zentrifugen und Pressen
1955, 42 Seiten, 16 Abb., 4 Tabellen, DM 9,70

HEFT 172
Dipl.-Ing. W. Rohs, Dr.-Ing. G. Satlow und Text.-Ing. G. Heller, Bielefeld
Trocknung von Hanfgarnen. Kreuzspultrocknung
1955, 60 Seiten, 7 Abb., 4 Tabellen, DM 10,30

HEFT 173
Prof. Dr. R. Hosemann und Dipl.-Phys. G. Schoknecht, Berlin, vorgelegt von Prof. Dr. W. Kast, Krefeld
Lichtoptische Herstellung und Diskussion der Faltungsquadrate parakristalliner Gitter
in Vorbereitung

HEFT 174
Prof. Dr. W. von Fragstein, Dr. J. Meingast und H. Hoch, Köln
Herstellung von Solen einheitlicher Teilchengröße und Ermittlung ihrer optischen Eigenschaften
1955, 78 Seiten, 80 Abb., 4 Tabellen, DM 18,25

HEFT 175
Dr.-Ing. H. Zeller, Aachen
Beitrag zur eindimensionalen stationären und nichtstationären Gasströmung mit Reibung und Wärmeleitung insbesondere in Rohren mit unstetigen Querschnittsänderungen
in Vorbereitung

HEFT 176
Dipl.-Ing. H. Schöberl, Duisburg
Über die Methoden zur Ermittlung der Verbrennungstemperatur von Brennstoffen und ein Vorschlag zu ihrer Verbesserung
1955, 30 Seiten, 3 Abb., DM 6,50

HEFT 177
Dipl.-Ing. H. Stüdemann, Solingen, und Dr.-Ing. W. Müchler, Essen
Entwicklung eines Verfahrens zur zahlenmäßigen Bestimmung der Schneideigenschaften von Messerklingen
in Vorbereitung

HEFT 178
Prof. Dr. M. von Stackelberg u. Dr. W. Hans, Bonn
Untersuchungen zur Ausarbeitung und Verbesserung von polarographischen Analysenmethoden
1955, 46 Seiten, 14 Abb., DM 10,50

HEFT 179
Dipl.-Ing. H. F. Reineke, Bochum
Entwicklungsarbeiten auf dem Gebiete der Meß- und Regeltechnik
1955, 46 Seiten, 10 Abb., DM 10,—

HEFT 180
Dr.-Ing. W. Piepenburg, Dipl.-Ing. B. Bühling und Bauing. J. Behnke, Köln
Putzarbeiten im Hochbau und Versuche mit aktiviertem Mörtel und mechanischem Mörtelauftrag
1955, 116 Seiten, 31 Abb., 68 Tabellen, DM 23,—

HEFT 181
Prof. Dr. W. Franz, Münster
Theorie der elektrischen Leitvorgänge in Halbleitern und isolierenden Festkörpern bei hohen elektrischen Feldern
1955, 28 Seiten, 2 Abb., 1 Tabelle, DM 6,20

HEFT 182
Dr.-Ing. P. Schenk u. Dr. K. Osterloh, Düsseldorf
Katalytisch-thermische Spaltung von gasförmigen und flüssigen Kohlenwasserstoffen zur Spitzengaserzeugung
1955, 50 Seiten, 11 Abb., 11 Tabellen, DM 10,90

HEFT 183
Dr. W. Bornheim, Köln
Entwicklungsarbeiten an Flaschen- und Ampullen-Behandlungsmaschinen für die pharmazeutische Industrie
in Vorbereitung

HEFT 184
Dr.-Ing. E. Printz, Kettwig
Vollhydraulische Parallel-Kupplung für Ackerschlepper
1955, 32 Seiten, 4 Abb., DM 7,80

HEFT 185
Dipl.-Ing. W. Rohs und Text.-Ing. G. Heller, Bielefeld
Studien an einem neuzeitlichen Kreuzspultrockner für Bastfasergarne mit Wiederbefeuchtungszone
1955, 52 Seiten, 9 Abb., 3 Tabellen, DM 10,70

HEFT 186
Dr. E. Wedekind, Krefeld
Untersuchungen zur Arbeitsbestgestaltung bei der Fertigstellung von Oberhemden in gewerblichen Wäschereien
1955, 124 Seiten, 28 Abb., 6 Tabellen, 2 Falttaf., DM 12,—

HEFT 187
Dipl.-Ing. F. Göttgens, Essen
Über die Eigenarten der Bimetall-, Thermo- und Flammenionisationssicherungsmethode in ihrer Anwendung auf Zündsicherungen
1955, 40 Seiten, 6 Abb., 4 Tabellen, DM 8,40

HEFT 188
W. Kinnebrock, Langenberg (Rhld.)
Der Einfluß des Austausches gleicher Gaskochbrenner bzw. Gaskochbrennerteile auf den Wirkungsgrad und insbesondere auf den CO-Gehalt der Verbrennungsgase
1955, 42 Seiten, 7 Tabellen, DM 8,70

HEFT 189
Fa. E. Leybold's Nachfolger, Köln
I. Ausgewählte Kapitel aus der Vakuumtechnik
II. Zum Verlust anorganisch-nichtflüchtiger Substanzen während der Gefriertrocknung
1955, 52 Seiten, 16 Abb., 3 Tabellen, DM 11,20

HEFT 190
Prof. Dr. A. Neuhaus, Prof. Dr O. Schmitz-DuMont und Dipl.-Chem. H. Reckhard, Bonn
Zur Kenntnis der Alkalititanate
1955, 60 Seiten, 13 Abb., 1 Tabelle, DM 12,20

HEFT 191
Dr. H. Söhngen, Darmstadt
Schwingungsverhalten eines Schaufelkranzes im Vakuum
1955, 36 Seiten, 7 Abb., DM 7,80

HEFT 192
Dipl.-Phys. E. M. Schneider, München
Kohlebogenlampen für Aufnahme und Kopie
1955, 48 Seiten, 21 Abb., 3 Tabellen, DM 10,60

HEFT 193
Prof. Dr. O. Schmitz-DuMont, Bonn
Untersuchungen über neue Pigmentfarbstoffe
in Vorbereitung

HEFT 194
Dr. H. Hecht, Köln
Entwicklung neuartiger physikalischer Unterrichtsgeräte
1955, 42 Seiten, 16 Abb., DM 9,90

HEFT 195
Dr.-Ing. E. Rößger, Köln
Gedanken über einen neuen deutschen Luftverkehr
1955, 342 Seiten, 29 Abb., 122 Tabellen, DM 50,—

HEFT 196
Dipl.-Ing. W. Rohs und Text.-Ing. H. Griese, Bielefeld
Auswirkungen von Garnfehlern bei der Verarbeitung von Leinengarnen
1955, 36 Seiten, 3 Abb., 6 Tabellen, DM 7,80

HEFT 197
Dr. E. Wedekind, Krefeld
Untersuchungen zur Bestimmung der optimalen Arbeitsplatzgröße bei Mehrstuhlarbeit in der Weberei
1955, 92 Seiten, 34 Abb., 6 Tabellen, DM 18,50

HEFT 198
Prof. Dr. J. Weissinger, Karlsruhe
Zur Aerodynamik des Ringflügels. Die Druckverteilung dünner, fast drehsymmetrischer Flügel in Unterschallströmung
1955, 42 Seiten, 5 Abb., DM 9,—

HEFT 199
Textilforschungsanstalt Krefeld
Die Messung von Gewebetemperaturen mittels Temperaturstrahlung
1955, 50 Seiten, 12 Abb., DM 10,90

HEFT 200
R. Seipenbusch, Langenberg (Rhld.)
Spitzengas durch Zusatz von Flüssiggas-, Wassergas- und Flüssiggas-Generatorgas-Gemischen zu Stadtgas
1955, 48 Seiten, 21 Tabellen, DM 10,35

HEFT 201
Dr.-Ing. E. W. Pleines, Frankfurt/Main
Die Sicherheit im Luftverkehr
in Vorbereitung

HEFT 202
Dipl.-Ing. D. Fiecke, Stuttgart/Zuffenhausen
Die Bestimmung der Flugzeugpolaren für Entwurfszwecke. I. Teil: Unterlagen
in Vorbereitung

HEFT 203
Dr. G. Wandel, Bonn
Uferbewachsung und Lebendverbauung an den Nordwestdeutschen Kanälen und ihren Zuflüssen sowie an der Ruhr
in Vorbereitung

HEFT 204
Dipl.-Ing. B. Naendorf, Langenberg (Rhld.)
Bestimmung der Brenneigenschaften und des Brennverhaltens verschiedener Gasarten und Einfluß verschiedener Düsengestaltung
1955, 32 Seiten, DM 7,10

HEFT 205
Dr. C. Schaarwächter, Düsseldorf
Über plastische Kupfer-, Eisen-, Phosphor-Legierungen
in Vorbereitung

HEFT 206
Dr. P. Hölemann, Ing. R. Hasselmann und Ing. G. Dix, Dortmund
Untersuchungen über die Vorgänge bei der Zersetzung von in Azeton gelöstem Azetylen
in Vorbereitung

HEFT 207
Prof. Dr.-Ing. H. Opitz, Dipl.-Ing. K. H. Fröhlich und Dipl.-Ing. H. Siebel, Aachen
Richtwerte für das Fräsen von unlegierten und legierten Baustählen mit Hartmetall. I. Teil
in Vorbereitung

HEFT 208
Prof. Dr.-Ing. H. Müller, Essen
Untersuchung von Elektrowärmegeräten für Laienbedienung hinsichtlich Sicherheit und Gebrauchsfähigkeit. I. Untersuchungen an Kochplatten
in Vorbereitung

HEFT 209
Dr. K. Bunge, Leverkusen
Materialabbau in Funkenentladungen. Untersuchungen an Zinkkathoden
in Vorbereitung

HEFT 210
Dr. W. Porschen und Prof. Dr. W. Riezler, Bonn
Langlebige Alphaaktivitäten bei natürlichen Elementen
1955, 40 Seiten, 5 Abb., 4 Tabellen, DM 8,80

HEFT 211
Prof. Dipl.-Ing. W. Sturtzel und Dr.-Ing. W. Graff, Duisburg
Die Versuchsanstalt für Binnenschiffbau, Duisburg
in Vorbereitung

HEFT 212
Dipl.-Ing. H. Spodig, Selm
Untersuchung zur Anwendung der Dauermagnete in der Technik
1955, 44 Seiten, 25 Abb., DM 9,80

HEFT 213
Dipl.-Ing. K. F. Rittinghaus, Aachen
Zusammenstellung eines Meßwagens für Bau- und Raumakustik
in Vorbereitung

HEFT 214
Dr.-Ing. J. Endres, München
Berechnung der optimalen Leistung, Kraftstoffverbräuche und Wirkungsgrade von Einkreis-Turbolader-Strahltriebwerken am Boden und in der Höhe bei Fluggeschwindigkeiten von 0–2 000 km/h
in Vorbereitung

HEFT 215
Prof. Dr.-Ing. H. Opitz und Dr.-Ing. W. Adam, Aachen
Einfluß der Wärmebehandlung von Baustählen auf Spanentstehungen, Schnittkraft- und Standzeitverhalten
in Vorbereitung

HEFT 216
Dr. E. Kloth, Köln
Untersuchungen über die Ausbreitung kurzer Schallimpulse bei der Materialprüfung mit Ultraschall
in Vorbereitung

HEFT 217
Rationalisierungskuratorium der Deutschen Wirtschaft (RKW), Frankfurt/Main
Typenvielzahl bei Haushaltgeräten und Möglichkeiten einer Beschränkung
in Vorbereitung

HEFT 218
Dr. F. Keune, Aachen
Bericht über eine Theorie der Strömung um Rotationskörper ohne Anstellung bei Machzahl Eins
1955, 40 Seiten, 8 Abb., 5 Formelblätter, DM 8,80

HEFT 219
Prof. Dr. W. Fuchs, Aachen
Untersuchungen zur Holzabfallverwertung und zur Chemie des Lignins
1955, 54 Seiten, 11 Abb., 15 Tabellen, DM 11,40

WESTDEUTSCHER VERLAG · KÖLN UND OPLADEN

HEFT 220
Prof. Dr. W. Fuchs, Aachen
Die Entwicklung neuer Regel- und Kontroll-Apparate zur coulometrischen Analyse
in Vorbereitung

HEFT 221
Prof. Dr. W. Meyer-Eppler, Bonn
Experimentelle Untersuchungen zum Mechanismus von Stimme und Gehör in der lautsprachlichen Kommunikation
1955, 56 Seiten, 24 Abb., DM 13,45

HEFT 222
Dr. L. Köllner, Münster, und Dipl.-Volkswirt M. Kaiser, Bochum
Die internationale Wettbewerbsfähigkeit der westdeutschen Wollindustrie
in Vorbereitung

HEFT 223
Dr.-Ing. K. Alberti und Dr. F. Schwarz, Köln
Über das Problem Hartbrand-Weichbrand
in Vorbereitung

HEFT 224
Dipl.-Ing. H. Stüdeman und Ing. R. Beu, Solingen
Verfahren zur Prüfung der Korrosionsbeständigkeit von Messerklingen aus rostfreiem Stahl
in Vorbereitung

HEFT 225
Dr.-Ing. E. Barz, Remscheid
Der Spannungszustand von Gattersägeblättern
in Vorbereitung

HEFT 226
Technisch-wissenschaftliches Büro für die Bastfaserindustrie, Bielefeld
Untersuchungen zur Verbesserung des Leinenwebstuhles IV
Die Wirkung verschiedener Kettbaumbremsen auf die Verwebung von Leinengarnen
in Vorbereitung

HEFT 227
Prof. Dr. F. Wever, Düsseldorf und Dr. W. Wepner, Köln
Untersuchung der Alterungsneigung von weichen unlegierten Stählen durch Härteprüfung bei Temperaturen bis 300 Grad C
in Vorbereitung

HEFT 228
Prof. Dr. F. Wever, Dr. W. Koch, Düsseldorf und Dr. B. A. Steinkopf, Dortmund
Spektrochemische Grundlagen der Analyse von Gemischen aus Kohlenmonoxyd, Wasserstoff und Stickstoff
in Vorbereitung

HEFT 229
Prof. Dr. F. Wever, Dr. W. Koch und Dr.-Ing. H. Malissa, Düsseldorf
Über die Anwendung disubstituierter Dithiocarbamate der analytischen Chemie
in Vorbereitung

HEFT 230
Prof. Dr. F. Wever, Düsseldorf und Dr. W. Wepner, Köln
Bestimmung kleiner Kohlenstoffgehalte im Alpha-Eisen durch Dämpfungsmessung
in Vorbereitung

HEFT 231
Dr.-Ing. W. Küch, Dortmund
Über die Wechselwirkung zwischen Holzschutzbehandlung und Verleimung
in Vorbereitung

HEFT 232
Prof. Dr.-Ing. O. Kienzle, Hannover und Dr.-Ing. H. Münnich, Schweinfurt
Feststellung der Spannungen und Dehnungen und Bruchdrehzahlen der unter Fliehkraft und Bearbeitungskraft beanspruchten Schleifkörper
in Vorbereitung

HEFT 233
Dr. H. Haase, Hamburg
Infrarot-Bibliographie
in Vorbereitung

HEFT 234
Dr.-Ing. K. G. Speith und Dr.-Ing. A. Bungeroth, Duisburg
Versuche zur Steigerung des Kokillen-Schluckvermögens beim Stranggießen von Stahl
in Vorbereitung

HEFT 235
Prof. Dr.-Ing. K. Leist und Dipl.-Ing. W. Dettmering, Aachen
Turbinenschaufeln aus Kunststoff für Kaltluftversuchsanlagen
in Vorbereitung

HEFT 236
Dr.-Ing. O. Viertel und S. Lucas, Krefeld
Ergebnisse einer Hausfrauenbefragung über Wascheinrichtungen und Waschmethoden in städtischen Haushaltungen
in Vorbereitung

HEFT 237
Dr. P. Endler und Dr. H. Ludes, Köln
Bericht über eine Studienreise zur Orientierung der heutigen Behandlung der Lungentuberkulose in den Vereinigten Staaten von Nordamerika
in Vorbereitung

HEFT 238
Institut für textile Meßtechnik, M.-Gladbach, e. V.
Untersuchung der Verzugsvorgänge an den Streckwerken verschiedener Spinnereimaschinen. 3. Bericht: Theoretische Betrachtungen über den Einfluß schlagender Zylinder und Druckrollen
in Vorbereitung

HEFT 239
Prof. Dr.-Ing. K. Leist und Dipl.-Ing. H. Scheele, Aachen und Dipl.-Ing. F. H. Flottmann, Herne
Versuche an einem neuartigen luftgekühlten Hochleistungs-Kolbenkompressor
in Vorbereitung

HEFT 240
Prof. Dr.-Ing. K. Leist und Dipl.-Ing. H. Scheele, Aachen
Temperaturmessungen an einem einstufigen luftgekühlten 4-Zylinder-Kolbenkompressor mit Kühlgebläse
in Vorbereitung

HEFT 241
Prof. Dr.-Ing. K. Leist und Dipl.-Ing. M. Pötke, Aachen
Leistungsversuche an einem Kühlluftgebläse
in Vorbereitung

HEFT 242
Prof. Dr.-Ing. K. Leist und Dipl.-Ing. K. Graf, Aachen
Straßenfahrzeuge mit Gasturbinenantrieb
in Vorbereitung

HEFT 243
Prof. Dr.-Ing. K. Leist und Dipl.-Ing. S. Förster, Aachen
Die französische Kleingasturbine Artouste — 1. Teil
in Vorbereitung

HEFT 244
Prof. Dr. F. Wever, Dr. W. Koch und Dr. S. Eckhard, Düsseldorf
Erfahrungen mit der spektrochemischen Analyse von Gefügebestandteilen des Stahles
in Vorbereitung

HEFT 245
Prof. Dr.-Ing. K. Krekeler, Aachen
Das Verbinden von Metallen durch Kunstharzkleber. Teil I: Eigenschaften und Verwendung der Metallklebstoffe
in Vorbereitung

HEFT 246
Prof. Dr.-Ing. K. Krekeler, Aachen
Das Verbinden von Metallen durch Kunstharzkleber. Teil II: Untersuchungen an geklebten Leichtmetall-Verbindungen
in Vorbereitung

HEFT 247
Dr. H. Söhngen, Darmstadt
Strömung vor einem Überschall-Laufrad
in Vorbereitung

HEFT 248
Rheinische Aktiengesellschaft für Braunkohlenbergbau und Brikettfabrikation, Köln
Untersuchung der Bindemitteleigenschaften von Braunkohlenfilteraschen
in Vorbereitung

HEFT 249
Dr. M.-E. Meffert, Essen
Weitere Kulturversuche Scenedesmus obliquus
in Vorbereitung

HEFT 250
Dr. F. Schwarz und Dr.-Ing. K. Alberti, Köln
Entwicklung von Untersuchungsverfahren zur Gütebeurteilung von Industriekalken
in Vorbereitung

HEFT 251
Prof. Dr. H. Bittel, Münster
Zur Statistik der ferromagnetischen Elementarvorgänge und ihren Einfluß auf das Barkhausenrauschen
in Vorbereitung

HEFT 252
Dipl.-Ing. H. Frings, Geilenkirchen
Die Wirkung abfallender Wetterführung auf Wettertemperatur, Grubengasgehalt und Staubbildung
in Vorbereitung

HEFT 253
Dipl.-Ing. S. Schirmanski, Berghausen
Stand und Auswertung der Forschungsarbeiten über Temperatur- und Feuchtigkeitsgrenzen bei der bergmännischen Arbeit
in Vorbereitung

HEFT 254
Prof. Dr. R. Danneel, Bonn
Quantitative Untersuchungen über die Entwicklung des Ehrlich-Ascitesturmors bei Inzuchtmäusen
in Vorbereitung

HEFT 255
Ing. W. v. Schlippe, Bad Nauheim
Strömung von Flüssigkeiten mit temperaturabhängiger Zähigkeit (Kühlung von Ölen)
in Vorbereitung

HEFT 256
Prof. Dr. C. Schmieden und Dipl.-Math. K. H. Müller, Darmstadt
Die Strömung einer Quellstrecke im Halbraum — eine strenge Lösung der Navier-Stokes-Gleichungen
in Vorbereitung

HEFT 257
Prof. Dr. G. Lehmann und Dr. J. Tamm, Dortmund
Die Beeinflussung vegetativer Funktionen des Menschen durch Geräusche
in Vorbereitung

HEFT 258
Dr. H. Paul, Linz/Rhein und Prof. Dr. O. Graf, Dortmund
Zur Frage der Unfälle im Bergbau
in Vorbereitung

HEFT 259
Prof. D. W. Linke, Aachen
Strömungsvorgänge in künstlich belüfteten Räumen
in Vorbereitung

HEFT 260
Prof. Dr. W. Kast, Freiburg/Br., Prof. Dr. H. A. Stuart und Dipl.-Phys. H. G. Fendler, Hannover
Lichtzerstreuungsmessungen an Lösungen hochpolymerer Stoffe
in Vorbereitung

HEFT 261
Prof. Dr. W. Kast, Freiburg/Br.
Feinstruktur-Untersuchungen an künstlichen Zellulosefasern verschiedener Herstellungsverfahren. Teil II: Der Kristallisationszustand
in Vorbereitung

HEFT 262
Dr.-Ing. W. Batel, Aachen
Untersuchungen zur Absiebung feuchter, feinkörniger Haufwerke und Schwingsieben
in Vorbereitung

HEFT 263
Prof. Dr. H. Lange und Dipl.-Phys. R. Kohlhaas, Köln
Über die Wärmefähigkeit von Stählen bei hohen Temperaturen. Teil I: Literaturbericht
in Vorbereitung

HEFT 264
Prof. Dr. W. Weizel, Bonn
Durch schnelle Funkenzusammenbrüche ausgelöste Signale auf einer Leitung
in Vorbereitung

HEFT 265
Prof. Dr. F. Micheel und Dr. R. Engel, Münster
Eine Apparatur zur elektrophoretischen Trennung von Stoffgemischen
in Vorbereitung

HEFT 266
Fliesen-Beratungsstelle Bad Godesberg-Mehlem
Güteeigenschaften keramischer Wand- und Bodenfliesen und deren Prüfmethoden
in Vorbereitung

HEFT 267
Prof. Dr. W. Weizel und B. Brandt, Bonn
Zur Stabilität stromstarker Glimmentladungen
in Vorbereitung

HEFT 268
Prof. Dr.-Ing. G. Vogelpohl, Göttingen
Über die Tragfähigkeit von Gleitlagern und ihre Berechnung
in Vorbereitung

WESTDEUTSCHER VERLAG · KÖLN UND OPLADEN

VERÖFFENTLICHUNGEN DER ARBEITSGEMEINSCHAFT FÜR FORSCHUNG DES LANDES NORDRHEIN-WESTFALEN

NATURWISSENSCHAFTEN

Im Auftrage des Ministerpräsidenten Karl Arnold
herausgegeben von Staatssekretär Prof. Leo Brandt

HEFT 1
Prof. Dr.-Ing. Friedrich Seewald, Aachen
Neue Entwicklungen auf dem Gebiet der Antriebsmaschinen
Prof. Dr.-Ing. Friedrich A. F. Schmidt, Aachen
Technischer Stand und Zukunftsaussichten der Verbrennungsmaschinen, insbesondere der Gasturbinen
Dr.-Ing. Rudolf Friedrich, Mülheim (Ruhr)
Möglichkeiten und Voraussetzungen der industriellen Verwertung der Gasturbine
1951, 52 Seiten, 15 Abb., kartoniert, DM 4,25

HEFT 2
Prof. Dr.-Ing. Wolfgang Riezler, Bonn
Probleme der Kernphysik
Prof. Dr. Fritz Micheel, Münster
Isotope als Forschungsmittel in der Chemie und Biochemie
1951, 40 Seiten, 10 Abb., kartoniert, DM 3,20

HEFT 3
Prof. Dr. Emil Lehnartz, Münster
Der Chemismus der Muskelmaschine
Prof. Dr. Gunther Lehmann, Dortmund
Physiologische Forschung als Voraussetzung der Bestgestaltung der menschlichen Arbeit
Prof. Dr. Heinrich Kraut, Dortmund
Ernährung und Leistungsfähigkeit
1951, 60 Seiten, 35 Abb., kartoniert, DM 5,—

HEFT 4
Prof. Dr. Franz Wever, Düsseldorf
Aufgaben der Eisenforschung
Prof. Dr.-Ing. Hermann Schenck, Aachen
Entwicklungslinien des deutschen Eisenhüttenwesens
Prof. Dr.-Ing. Max Haas, Aachen
Wirtschaftliche Bedeutung der Leichtmetalle und ihre Entwicklungsmöglichkeiten
1952, 60 Seiten, 20 Abb., kartoniert, DM 6,—

HEFT 5
Prof. Dr. Walter Kikuth, Düsseldorf
Virusforschung
Prof. Dr. Rolf Danneel, Bonn
Fortschritte der Krebsforschung
Prof. Dr. Dr. Werner Schulemann, Bonn
Wirtschaftliche und organisatorische Gesichtspunkte für die Verbesserung unserer Hochschulforschung
1952, 50 Seiten, 2 Abb., kartoniert, DM 4,—

HEFT 6
Prof. Dr. Walter Weizel, Bonn
Die gegenwärtige Situation der Grundlagenforschung in der Physik
Prof. Dr. Siegfried Strugger, Münster
Das Duplikantenproblem in der Biologie
Direktor Dr. Fritz Gummert, Essen
Überlegungen zu den Faktoren Raum und Zeit im biologischen Geschehen und Möglichkeiten einer Nutzanwendung
1952, 64 Seiten, 20 Abb., kartoniert, DM 4,—

HEFT 7
Prof. Dr.-Ing. August Götte, Aachen
Steinkohle als Rohstoff und Energiequelle
Prof. Dr. Dr. E. h. Karl Ziegler, Mülheim (Ruhr)
Über Arbeiten des Max-Planck-Institutes für Kohlenforschung
1953, 66 Seiten, 4 Abb., kartoniert, DM 4,75

HEFT 8
Prof. Dr.-Ing. Wilhelm Fucks, Aachen
Die Naturwissenschaft, die Technik und der Mensch
Prof. Dr. Walther Hoffmann, Münster
Wirtschaftliche und soziologische Probleme des technischen Fortschritts
1952, 84 Seiten, 12 Abb., kartoniert, DM 6,50

HEFT 9
Prof. Dr.-Ing. Franz Bollenrath, Aachen
Zur Entwicklung warmfester Werkstoffe
Prof. Dr. Heinrich Kaiser, Dortmund
Stand spektralanalytischer Prüfverfahren und Folgerung für deutsche Verhältnisse
1952, 100 Seiten, 62 Abb., kartoniert, DM 7,50

HEFT 10
Prof. Dr. Hans Braun, Bonn
Möglichkeiten und Grenzen der Resistenzzüchtung
Prof. Dr.-Ing. Carl Heinrich Dencker, Bonn
Der Weg der Landwirtschaft von der Energieautarkie zur Fremdenergie
1952, 74 Seiten, 23 Abb., kartoniert, DM 6,80

HEFT 11
Prof. Dr.-Ing. Herwart Opitz, Aachen
Entwicklungslinien der Fertigungstechnik in der Metallbearbeitung
Prof. Dr.-Ing. Karl Krekeler, Aachen
Stand und Aussichten der schweißtechnischen Fertigungsverfahren
1952, 72 Seiten, 49 Abb., kartoniert, DM 6,40

HEFT 12
Dr. Hermann Rathert, Wuppertal-Elberfeld
Entwicklung auf dem Gebiet der Chemiefaser-Herstellung
Prof. Dr.-Ing. Wilhelm Weltzien, Krefeld
Rohstoff und Veredlung in der Textilwirtschaft
1952, 84 Seiten, 29 Abb., kartoniert, DM 7,—

HEFT 13
Dr.-Ing. E. h. Karl Herz, Frankfurt a. M.
Die technischen Entwicklungstendenzen im elektrischen Nachrichtenwesen
Staatssekretär Prof. Leo Brandt, Düsseldorf
Navigation und Luftsicherung
1952, 102 Seiten, 97 Abb., kartoniert, DM 9,75

HEFT 14
Prof. Dr. Burckhardt Helferich, Bonn
Stand der Enzymchemie und ihre Bedeutung
Prof. Dr. Hugo Wilhelm Knipping, Köln
Ausschnitt aus der klinischen Carcinomforschung am Beispiel des Lungenkrebses
1952, 72 Seiten, 12 Abb., kartoniert, DM 6,25

HEFT 15
Prof. Dr. Abraham Esau †, Aachen
Ortung mit elektrischen und Ultraschallwellen in Technik und Natur
Prof. Dr.-Ing. Eugen Flegler, Aachen
Die ferromagnetischen Werkstoffe der Elektrotechnik und ihre neueste Entwicklung
1953, 84 Seiten, 25 Abb., kartoniert, DM 6,25

HEFT 16
Prof. Dr. Rudolf Seyffert, Köln
Die Problematik der Distribution
Prof. Dr. Theodor Beste, Köln
Der Leistungslohn
1952, 70 Seiten, 1 Abb., kartoniert, DM 4,50

HEFT 17
Prof. Dr.-Ing. Friedrich Seewald, Aachen
Luftfahrtforschung in Deutschland und ihre Bedeutung für die allgemeine Technik
Prof. Dr.-Ing. Edouard Houdremont, Essen
Art und Organisation der Forschung in einem Industrieforschungsinstitut der Eisenindustrie
1953, 90 Seiten, 4 Abb., kartoniert, DM 5,50

HEFT 18
Prof. Dr. Dr. Werner Schulemann, Bonn
Theorie und Praxis pharmakologischer Forschung
Prof. Dr. Wilhelm Groth, Bonn
Technische Verfahren zur Isotopentrennung
1953, 72 Seiten, 17 Abb., kartoniert, DM 5,—

HEFT 19
Dipl.-Ing. Kurt Traenckner, Essen
Entwicklungstendenzen der Gaserzeugung
1953, 26 Seiten, 12 Abb., kartoniert, DM 2,50

HEFT 20
M. Zvegintzow, London
Wissenschaftliche Forschung und die Auswertung ihrer Ergebnisse
Ziel und Tätigkeit der National Research Development Corporation
Dr. Alexander King, London
Wissenschaft und internationale Beziehungen
1954, 88 Seiten, kartoniert, DM 4,60

HEFT 21
Prof. Dr. Robert Schwarz, Aachen
Wesen und Bedeutung der Silicium-Chemie
Prof. Dr. Dr. h. c. Kurt Alder, Köln
Fortschritte in der Synthese von Kohlenstoffverbindungen
1954, 76 Seiten, 49 Abb., kartoniert, DM 5,20

HEFT 21a
Prof. Dr. Dr. h. c. Otto Hahn, Göttingen
Die Bedeutung der Grundlagenforschung für die Wirtschaft
Prof. Dr. Siegfried Strugger, Münster
Die Erforschung des Wasser- und Nährsalztransportes im Pflanzenkörper mit Hilfe der fluoreszenzmikroskopischen Kinematographie
1953, 74 Seiten, 26 Abb., kartoniert, DM 5,80

HEFT 22
Prof. Dr. Johannes von Allesch, Göttingen
Die Bedeutung der Psychologie im öffentlichen Leben
Prof. Dr. Otto Graf, Dortmund
Triebfedern menschlicher Leistung
1953, 80 Seiten, 19 Abb., kartoniert, DM 4,80

HEFT 23
Prof. Dr. Dr. h. c. Bruno Kuske, Köln
Zur Problematik der wirtschaftswissenschaftlichen Raumforschung
Prof. Dr.-Ing. E. h. Stephan Prager, Düsseldorf
Städtebau und Landesplanung
1954, 84 Seiten, kartoniert, DM 4,—

HEFT 24
Prof. Dr. Rolf Danneel, Bonn
Über die Wirkungsweise der Erbfaktoren
Prof. Dr. Kurt Herzog, Krefeld
Bewegungsbedarf der menschlichen Gliedmaßengelenke bei der Berufsarbeit
1953, 76 Seiten, 18 Abb., kartoniert, DM 4,80

WESTDEUTSCHER VERLAG · KÖLN UND OPLADEN

HEFT 25
Prof. Dr. Otto Haxel, Heidelberg
Energiegewinnung aus Kernprozessen
Dr.-Ing. Dr. Max Wolf, Düsseldorf
Gegenwartsprobleme der energiewirtschaftlichen Forschung
1953, 98 Seiten, 27 Abb., kartoniert, DM 6,25

HEFT 26
Prof. Dr. Friedrich Becker, Bonn
Ultrakurzwellenstrahlung aus dem Weltraum
Dr. Hans Straßl, Bonn
Bemerkenswerte Doppelsterne und das Problem der Sternentwicklung
1954, 70 Seiten, 8 Abb., kartoniert, DM 4,—

HEFT 27
Prof. Dr. Heinrich Behnke, Münster
Der Strukturwandel der Mathematik in der ersten Hälfte des 20. Jahrhunderts
Prof. Dr. Emanuel Sperner, Hamburg
Eine mathematische Analyse der Luftdruckverteilungen in großen Gebieten
in Vorbereitung

HEFT 28
Prof. Dr. Oskar Niemczyk, Aachen
Die Problematik gebirgsmechanischer Vorgänge im Steinkohlenbergbau
Prof. Dr. Wilhelm Ahrens, Krefeld
Die Bedeutung geologischer Forschung für die Wirtschaft, besonders in Nordrhein-Westfalen
1955, 96 Seiten, 12 Abb., kartoniert, DM 6.40

HEFT 29
Prof. Dr. Bernhard Rensch, Münster
Das Problem der Residuen bei Lernleistungen
Prof. Dr. Hermann Fink, Köln
Über Leberschäden bei der Bestimmung des biologischen Wertes verschiedener Eiweiße von Mikroorganismen
1954, 96 Seiten, 23 Abb., kartoniert, DM 6,—

HEFT 30
Prof. Dr.-Ing. Friedrich Seewald, Aachen
Forschungen auf dem Gebiete der Aerodynamik
Prof. Dr.-Ing. Karl Leist, Aachen
Einige Forschungsarbeiten aus der Gasturbinentechnik
1955, 98 Seiten, 45 Abb., kartoniert, DM 8,80

HEFT 31
Prof. Dr.-Ing. Dr. h. c. Fritz Mietzsch, Wuppertal
Chemie und wirtschaftliche Bedeutung der Sulfonamide
Prof. Dr. Dr. h. c. Gerhard Domagk, Wuppertal
Die experimentellen Grundlagen der bakteriellen Infektionen
1954, 82 Seiten, 2 Abb., kartoniert, DM 5,25

HEFT 32
Prof. Dr. Hans Braun, Bonn
Die Verschleppung von Pflanzenkrankheiten und -schädigungen über die Welt
Prof. Dr. Wilhelm Rudorf, Voldagsen
Der Beitrag von Genetik und Züchtung zur Bekämpfung von Viruskrankheiten der Nutzpflanzen
1953, 88 Seiten, 36 Abb., kartoniert, DM 6,75

HEFT 33
Prof. Dr.-Ing. Volker Aschoff, Aachen
Probleme der elektroakustischen Einkanalübertragung
Prof. Dr.-Ing. Herbert Döring, Aachen
Erzeugung und Verstärkung von Mikrowellen
1954, 74 Seiten, 23 Abb., kartoniert, DM 4,50

HEFT 34
Geheimrat Prof. Dr. Dr. Rudolf Schenck, Aachen
Bedingungen und Gang der Kohlenhydratsynthese im Licht
Prof. Dr. Emil Lehnartz, Münster
Die Endstufen des Stoffabbaues im Organismus
1954, 80 Seiten, 11 Abb., kartoniert, DM 5,50

HEFT 35
Prof. Dr.-Ing. Hermann Schenck, Aachen
Gegenwartsprobleme der Eisenindustrie in Deutschland
Prof. Dr.-Ing. Eugen Piwowarsky †, Aachen
Gelöste und ungelöste Probleme im Gießereiwesen
1954, 110 Seiten, 67 Abb., kartoniert, DM 9,—

HEFT 36
Prof. Dr. Wolfgang Riezler, Bonn
Teilchenbeschleuniger
Prof. Dr. Gerhard Schubert, Hamburg
Anwendung neuer Strahlenquellen in der Krebstherapie
1954, 104 Seiten, 43 Abb., kartoniert, DM 8,20

HEFT 37
Prof. Dr. Franz Lotze, Münster
Probleme der Gebirgsbildung
Bergwerksdirektor Bergassessor a.D. G. Rauschenbach, Essen
Die Erhaltung der Förderungskapazität des Ruhrbergbaues auf lange Sicht
in Vorbereitung

HEFT 38
Dr. E. Colin Cherry, London
Kybernetik
Prof. Dr. Erich Pietsch, Clausthal-Zellerfeld
Dokumentation und mechanisches Gedächtnis — zur Frage der Ökonomie der geistigen Arbeit
1954, 108 Seiten, 31 Abb., kartoniert, DM 7,20

HEFT 39
Dr. Heinz Haase, Hamburg
Infrarot und seine technischen Anwendungen
Prof. Dr. Abraham Esau †, Aachen
Ultraschall und seine technischen Anwendungen
1955, 80 Seiten, 25 Abb., kartoniert, DM 6,20

HEFT 40
Bergassessor Fritz Lange, Bochum-Hordel
Die wirtschaftliche und soziale Bedeutung der Silikose im Bergbau
Prof. Dr. Walter Kikuth, Düsseldorf
Die Entstehung der Silikose und ihre Verhütungsmaßnahmen
1954, 120 Seiten, 40 Abb., kartoniert, DM 9,50

HEFT 40a
Prof. Dr. Eberhard Gross, Bonn
Berufskrebs und Krebsforschung
Prof. Dr. Hugo Wilhelm Knipping, Köln
Die Situation der Krebsforschung vom Standpunkt der Klinik
1955, 88 Seiten, 31 Abb., kartoniert, DM 6,70

HEFT 41
Direktor Dr.-Ing. Gustav-Victor Lachmann, London
An einer neuen Entwicklungsschwelle im Flugzeugbau
Direktor Dr.-Ing. A. Gerber, Zürich-Oerlikon
Stand der Entwicklung der Raketen- und Lenktechnik
1955, 88 Seiten, 44 Abb., kartoniert, DM 8,40

HEFT 42
Prof. Dr. Theodor Kraus, Köln
Lokalisationsphänomene und Raumordnung vom Standpunkt der geographischen Wissenschaft
Direktor Dr. Fritz Gummert, Essen
Vom Ernährungsversuchsfeld der Kohlenstoffbiologischen Forschungsstation Essen
in Vorbereitung

HEFT 42a
Prof. Dr. Dr. h. c. Gerhard Domagk, Wuppertal
Fortschritte auf dem Gebiet der experimentellen Krebsforschung
1954, 46 Seiten, kartoniert, DM 2,60

HEFT 43
Prof. Giovanni Lampariello, Rom
Über Leben und Werk von Heinrich Hertz
Prof. Dr. Walter Weizel, Bonn
Über das Problem der Kausalität in der Physik
1955, 76 Seiten, kartoniert, DM 4,40

HEFT 43a
Prof. Dr. José Mª Albareda, Madrid
Die Entwicklung der Forschung in Spanien
in Vorbereitung

HEFT 44
Prof. Dr. Burckhardt Helferich, Bonn
Über Glykoside
Prof. Dr. Fritz Micheel, Münster
Kohlenhydrat-Eiweiß-Verbindungen und ihre biochemische Bedeutung
in Vorbereitung

HEFT 45
Prof. Dr. John von Neumann, Princeton, USA
Entwicklung und Ausnutzung neuerer mathematischer Maschinen
Prof. Dr. E. Stiefel, Zürich
Rechenautomaten im Dienste der Technik mit Beispielen aus dem Zürcher Institut für angewandte Mathematik
1955, 74 Seiten, 6 Abb., kartoniert, DM 4,80

HEFT 46
Prof. Dr. Wilhelm Weltzien, Krefeld
Ausblick auf die Entwicklung synthetischer Fasern
Prof. Dr. Walther Hoffmann, Münster
Wachstumsformen der Industriewirtschaft
in Vorbereitung

HEFT 47
Staatssekretär Prof. Leo Brandt, Düsseldorf
Die praktische Förderung der Forschung in Nordrhein-Westfalen
Prof. Dr. Ludwig Raiser, Bad Godesberg
Die Förderung der angewandten Forschung durch die Deutsche Forschungsgemeinschaft
in Vorbereitung

HEFT 48
Dr. Hermann Tromp, Rom
Bestandsaufnahme der Wälder der Welt als internationale und wissenschaftliche Aufgabe
Prof. Dr. Franz Heske, Schloß Reinbek
Die Wohlfahrtswirkungen des Waldes als internationales Problem
in Vorbereitung

HEFT 49
Präsident Dr. G. Böhnecke, Hamburg
Zeitfragen der Ozeanographie
Reg.-Direktor Dr. H. Gabler, Hamburg
Nautische Technik und Schiffssicherheit
1955, 120 Seiten, 49 Abb., kartoniert, DM 10,20

HEFT 50
Prof. Dr.-Ing. Friedrich A. F. Schmidt, Aachen
Probleme der Selbstzündung und Verbrennung bei der Entwicklung der Hochleistungskraftmaschinen
Prof. Dr.-Ing. A. W. Quick, Aachen
Ein Verfahren zur Untersuchung des Austauschvorganges in verwirbelten Strömungen hinter Körpern mit abgelöster Strömung
in Vorbereitung

HEFT 51
Prof. Dr. Siegfried Strugger, Münster
Struktur, Entwicklungsgeschichte und Physiologie der Chloroplasten
Direktor Dr. J. Pätzold, Erlangen
Therapeutische Anwendung mechanischer und elektrischer Energie
in Vorbereitung

HEFT 52
Mr. Patmore, London
Lufttüchtigkeit und technische Prüfung der Flugzeuge in England
Pro. A. D. Young, Cranfield
Die Ausbildung des Ingenieurnachwuchses auf dem Luftfahrtgebiet in England
in Vorbereitung

JAHRESFEIER 1955
Prof. Dr. Josef Pieper, Münster
Über den Philosophie-Begriff Platons
Prof. Dr. Walter Weizel, Bonn
Die Mathematik und die physikalische Realität
1955, 62 Seiten, kartoniert, DM 4,40

HEFT 52a
Dr. D. C. Martin, London
Geschichte und Organisation der Royal Society
Dr. Roux, Südafrika
Probleme der wissenschaftlichen Forschung in der Südafrikanischen Union
in Vorbereitung

HEFT 53
Prof. Dr.-Ing. Georg Schnadel, Hamburg
Forschungsaufgaben zur Untersuchung der Festigkeitsprobleme im Schiffsbau
Prof. Dipl.-Ing. Wilhelm Sturtzel, Duisburg
Forschungsaufgaben zur Untersuchung der Widerstandsprobleme im Schiffsbau
in Vorbereitung

HEFT 53a
Prof. Giovanni Lampariello, Rom
Von Galilei zu Einstein

HEFT 54
Prof. Dr. Julius Bartels, Göttingen
Sonne und Erde — das Thema des internationalen geophysikalischen Jahres
Direktor Dr. Walter Dieminger, Lindau/Harz
Ionosphäre und drahtloser Weitverkehr
in Vorbereitung

HEFT 54a
Sir John Cockcroft, London
Die friedliche Anwendung der Kernenergie
in Vorbereitung

HEFT 55
Prof. Dr.-Ing. Fritz Schultz-Grunow, Aachen
Das Kriechen und Fließen hochzäher und plastischer Stoffe
Prof. Dr.-Ing. Hans Ebner, Aachen
Wege und Ziele der Festigkeitsforschung besonders im Hinblick auf den Leichtbau
in Vorbereitung

WESTDEUTSCHER VERLAG · KÖLN UND OPLADEN

HEFT 56
Prof. Dr. Ernst Derra, Düsseldorf
Der Entwicklungsstand der Herzchirurgie
Prof. Dr. Gunther Lehmann, Dortmund
Muskelarbeit und Muskelermüdung in Theorie und Praxis
in Vorbereitung

HEFT 57
Prof. Dr. Theodor von Kármán, Pasadena
Freiheit und Organisation in der Luftfahrtforschung
in Vorbereitung

HEFT 58
Prof. Dr. Fritz Schröter, Ulm
Neue Forschungs- und Entwicklungsrichtungen im Fernsehen
Prof. Dr. Albert Narath, Berlin
Der gegenwärtige Stand der Filmtechnik
in Vorbereitung

VERÖFFENTLICHUNGEN DER ARBEITSGEMEINSCHAFT FÜR FORSCHUNG DES LANDES NORDRHEIN-WESTFALEN

GEISTESWISSENSCHAFTEN

Im Auftrage des Ministerpräsidenten Karl Arnold
herausgegeben von Staatssekretär Prof. Leo Brandt

HEFT 1
Prof. Dr. Werner Richter, Bonn
Die Bedeutung der Geisteswissenschaften für die Bildung unserer Zeit
Prof. Dr. Joachim Ritter, Münster
Die aristotelische Lehre vom Ursprung und Sinn der Theorie
1953, 64 Seiten, kartoniert, DM 3,50

HEFT 2
Prof. Dr. Josef Kroll, Köln
Elysium
Prof. Dr. Günther Jachmann, Köln
Die vierte Ekloge Vergils
1953, 72 Seiten, kartoniert, DM 3,75

HEFT 3
Prof. Dr. Hans Erich Stier, Münster
Die klassische Demokratie
1954, 100 Seiten, kartoniert, DM 6,—

HEFT 4
Prof. Dr. Werner Caskel, Köln
Lihyan und Lihyanisch. Sprache und Kultur eines frügharabischen Königreiches
1954, 168 Seiten, 6 Abb., kartoniert, DM 11,—

HEFT 5
Prof. Dr. Thomas Ohm, Münster
Stammesreligionen im südlichen Tanganyika-Territorium
1953, 80 Seiten, 25 Abb., kartoniert, DM 11,50

HEFT 6
Prälat Prof. Dr. Dr. h. c. Georg Schreiber, Münster
Deutsche Wissenschaftspolitik von Bismarck bis zum Atomwissenschaftler Otto Hahn
1954, 102 Seiten, 7 Bilder, kartoniert, DM 6,25

HEFT 7
Prof. Dr. Walter Holtzmann, Bonn
Das mittelalterliche Imperium und die werdenden Nationen
1953, 28 Seiten, kartoniert, DM 2,50

HEFT 8
Prof. Dr. Werner Caskel, Köln
Die Bedeutung der Beduinen in der Geschichte der Araber
1954, 44 Seiten, kartoniert, DM 2,75

HEFT 9
Prälat Prof. Dr. Dr. h. c. Georg Schreiber, Münster
Irland im deutschen und abendländischen Sakralraum
in Vorbereitung

HEFT 10
Prof. Dr. Peter Rassow, Köln
Forschungen zur Reichsidee im 16. und 17. Jahrhundert
1955, 32 Seiten, kartoniert, DM 1,90

HEFT 11
Prof. Dr. Hans Erich Stier, Münster
Roms Aufstieg zur Weltherrschaft
in Vorbereitung

HEFT 12
Prof. D. Karl Heinrich Rengstorf, Münster
Mann und Frau im Urchristentum
Prof. Dr. Hermann Conrad, Bonn
Grundprobleme einer Reform des Familienrechts
1954, 106 Seiten, kartoniert, DM 6,—

HEFT 13
Prof. Dr. Max Braubach, Bonn
Der Weg zum 20. Juli 1944
1953, 48 Seiten, kartoniert, DM 3,25

HEFT 14
Prof. Dr. Paul Hübinger, Münster
Das deutsch-französische Verhältnis und seine mittelalterlichen Grundlagen
in Vorbereitung

HEFT 15
Prof. Dr. Franz Steinbach, Bonn
Der geschichtliche Weg des wirtschaftenden Menschen in die soziale Freiheit und politische Verantwortung
1954, 76 Seiten, kartoniert, DM 3,80

HEFT 16
Prof. Dr. Josef Koch, Köln
Die Ars coniecturalis des Nikolaus von Cues
in Vorbereitung

HEFT 17
Prof. Dr. James Conant,
US-Hochkommissar für Deutschland
Staatsbürger und Wissenschaftler
Prof. D. Karl Heinrich Rengstorf, Münster
Antike und Christentum
1953, 48 Seiten, 2 Abb., kartoniert, DM 3,50

HEFT 18
Prof. Dr. Richard Alewyn, Köln
Klopstocks Publikum
in Vorbereitung

HEFT 19
Prof. Dr. Fritz Schalk, Köln
Das Lächerliche in der französischen Literatur des Ancien Régime
1954, 42 Seiten, kartoniert, DM 2,25

HEFT 20
Prof. Dr. Ludwig Raiser, Bad Godesberg
Rechtsfragen der Mitbestimmung
1954, 48 Seiten, kartoniert, DM 2,50

HEFT 21
Prof. D. Martin Noth, Bonn
Das Geschichtsverständnis der alttestamentlichen Apokalyptik
1953, 36 Seiten, kartoniert, DM 2,20

HEFT 22
Prof. Dr. Walter F. Schirmer, Bonn
Glück und Ende des Könige in Shakespeares Historien
1954, 32 Seiten, kartoniert, DM 1,60

HEFT 23
Prof. Dr. Günther Jachmann, Köln
Der homerische Schiffskatalog und die Ilias
in Vorbereitung

HEFT 24
Prof. Dr. Theodor Klauser, Bonn
Die römischen Petrustraditionen im Lichte der neuen Ausgrabungen unter der Peterskirche
in Vorbereitung

HEFT 25
Prof. Dr. Hans Peters, Köln
Die Gewaltentrennung in moderner Sicht
1955, 48 Seiten, kartoniert, DM 3,10

HEFT 26
Prof. Dr. Fritz Schalk, Köln
Calderon und die Mythologie
in Vorbereitung

HEFT 27
Prof. Dr. Josef Kroll, Köln
Vom Leben geflügelter Worte
in Vorbereitung

WESTDEUTSCHER VERLAG · KÖLN UND OPLADEN

HEFT 28
Prof. Dr. Thomas Ohm, Münster
Die Religionen in Asien
    1954, 50 Seiten, 4 Abb., kartoniert, DM 7,—

HEFT 29
Prof. Dr. Johann Leo Weisgerber, Bonn
Die Ordnung der Sprache im persönlichen und öffentlichen Leben
    1955, 64 Seiten, kartoniert, DM 3,50

HEFT 30
Prof. Dr. Werner Caskel, Köln
Entdeckungen in Arabien
    1954, 44 Seiten, kartoniert, DM 3,20

HEFT 31
Prof. Dr. Max Braubach, Bonn
Entstehung und Entwicklung der landesgeschichtlichen Bestrebungen und historischen Vereine im Rheinland
    1955, 32 Seiten, kartoniert, DM 2.20

HEFT 32
Prof. Dr. Fritz Schalk, Köln
Somnium und verwandte Wörter in den romanischen Sprachen
    1955, 48 Seiten, 3 Abb., kartoniert, DM 3,60

HEFT 33
Prof. Dr. Friedrich Dessauer, Frankfurt a. M.
Erbe und Zukunft des Abendlandes
    in Vorbereitung

HEFT 34
Prof. Dr. Thomas Ohm, Münster
Ruhe und Frömmigkeit
    1955, 128 Seiten, 30 Abb., kartoniert, DM 10,70

HEFT 35
Prof. Dr. Hermann Conrad, Bonn
Die mittelalterliche Besiedlung des deutschen Ostens und das Deutsche Recht
    1955, 40 Seiten, kartoniert, DM 2,80

HEFT 36
Prof. Dr. Hans Sckommodau, Köln
Die religiösen Dichtungen Margaretes von Navarra
    1955, 172 Seiten, kartoniert, DM 9,60

HEFT 37
Prof. Dr. Herbert von Einem, Bonn
Der Mainzer Kopf mit der Binde
    1955, 88 Seiten, 40 Abb., kartoniert, DM 9,20

HEFT 38
Prof. Dr. Joseph Höffner, Münster
Statik und Dynamik in der scholastischen Wirtschaftsethik
    1955, 48 Seiten, kartoniert, DM 2,85

HEFT 39
Prof. Dr. Fritz Schalk, Köln
Diderots Essai über Claudius und Nero
    in Vorbereitung

HEFT 40
Prof. Dr. Gerhard Kegel, Köln
Probleme des internationalen Enteignungs- und Währungsrechts
    in Vorbereitung

HEFT 41
Prof. Dr. Johann Leo Weisgerber, Bonn
Die Grenzen der Schrift — Der Kern der Rechtschreibreform
    1955, 72 Seiten, kartoniert, DM 4,80

HEFT 42
Prof. Dr. Richard Alewyn, Köln
Von der Empfindsamkeit zur Romantik
    in Vorbereitung

HEFT 43
Prof. Dr. Theodor Schieder, Köln
Die Probleme des Rapallo-Vertrages 1922
    in Vorbereitung

HEFT 44
Prof. Dr. Andreas Rumpf, Köln
Stilphasen der spätantiken Kunst
    in Vorbereitung

HEFT 45
Dr. Ulrich Luck, Münster
Kerygma und Tradition in der Hermeneutik Adolf Schlatters
    1955, 136 Seiten, kartoniert, DM 9,—

HEFT 46
Prof. Dr. Walther Holtzmann, Rom
Das Deutsche Historische Institut in Rom
Prof. Dr. Graf Wolff Metternich, Rom
Die Bibliotheca Hertziana und der Palazzo Zuccari
    1955, 68 Seiten, 7 Abb., kartoniert, DM 5,—

JAHRESFEIER 1955
Prof. Dr. Josef Pieper, Münster
Über den Philosophie-Begriff Platons
Prof. Dr. Walter Weizel, Bonn
Die Mathematik und die physikalische Realität
    1955, 62 Seiten, kartoniert, DM 4,40

HEFT 47
Prof. Dr. Harry Westermann, Münster
Person und Persönlichkeit im Zivilrecht
    in Vorbereitung

HEFT 48
Prof. Dr. Johann Leo Weisgerber, Bonn
Die Namen der Ubier
    in Vorbereitung

HEFT 49
Prof. Dr. Friedrich Karl Schumann, Münster
Mythos und Technik
    in Vorbereitung

HEFT 51
Prälat Prof. Dr. Dr. h. c. Georg Schreiber, Münster
Der Bergbau in Geschichte, Ethos und Sakralkultur
    in Vorbereitung

HEFT 52
Prof. Dr. Hans J. Wolff, Münster
Die Rechtsgestalt der Universität
    in Vorbereitung

HEFT 53
Prof. Dr. Heinrich Vogt, Bonn
Schadenersatzprobleme im Verhältnis von Haftungsgrund und Schaden
    in Vorbereitung

HEFT 54
Prof. Dr. Max Braubach, Bonn
Der Einmarsch der deutschen Truppen in die entmilitarisierte Zone am Rhein im März 1936. Ein Beitrag zur Vorgeschichte des zweiten Weltkrieges
    in Vorbereitung

HEFT 55
Prof. Dr. Herbert von Einem, Bonn
Die Menschwerdung Christi des Isenheimer Altars
    in Vorbereitung

HEFT 56
Prof. Dr. E. J. Cohn, London
Der englische Gerichtstag
    in Vorbereitung

WESTDEUTSCHER VERLAG · KÖLN UND OPLADEN

If you have any concerns about our products,
you can contact us on
ProductSafety@springernature.com

In case Publisher is established outside the EU,
the EU authorized representative is:
**Springer Nature Customer Service Center GmbH
Europaplatz 3, 69115 Heidelberg, Germany**

Printed by Libri Plureos GmbH
in Hamburg, Germany